Carl-Auer

Für
Susanne
Pauli
Pina
Manchinha
Xuxu
Pitu
Chocolate

Keine Angst vor Veränderungen!

Roderich Heinze

Change-Prozesse erfolgreich bewältigen

2004

Carl-Auer-Systeme im Internet: **www.carl-auer.de**
Bitte fordern Sie unser Gesamtverzeichnis an:

Carl-Auer-Systeme Verlag
Weberstr. 2
69120 Heidelberg

Satz: Drißner-Design u. DTP, Meßstetten
Grafiken: Jana Gutschow, Whitehall Werbung, Hamburg
Umschlaggestaltung: Uwe Göbel, München
Printed in Germany
Druck und Bindung: Freiburger Graphische Betriebe, Freiburg i. Br., www.fgb.de

Erste Auflage 2004
ISBN 3-89670-435-4

Die Deutsche Bibliothek verzeichnet diese Publikation in der Deutschen Nationalbibliografie; detaillierte bibliografische Daten sind im Internet über http://dnb.ddb.de abrufbar.

Inhalt

Einleitung

Mythen, Sagen und Legenden über Heldentugenden – solche Begriffe beherrschen Organisationen, auch wenn man sie wohl kaum in der Managementliteratur findet. Die Kantinen sind voll von Erzählungen über Heldentaten, fernab jeder theoretischen Reflexion. Die Germanen erklärten den Donner damit, dass der Gott Thor, aus Zorn über die Menschen, im Himmel mit dem Hammer warf.

So liebt auch die Unternehmenspraxis ihre eigenen Erklärungen für die Erscheinungen im Alltag. Wenn die Erde in den Firmen bebt, sind die Erklärung dafür nicht weit weg: „Zu spät investiert …", „… den Kundenwunsch nicht verstanden", „zu lange am Stuhl geklebt", „keine neuen IT-Programme", „schlechte Strategien …" usw. – Die meisten Geschichten enden so: „Aber eigentlich ist es nicht nur das eine Problem. Die Vielzahl von Verkettungen um das Problem herum erschlägt uns!"

Auch in Unternehmen in der Krise wiederholen sich die gleichen Aussagen. Mythen, Sagen und Heldentugenden, gepaart mit rationalen Erklärungsmodellen, sollen scheinbar Unerklärbares verdeutlichen: „Wie haben wir uns bloß in dieses Problem hineinmanövriert?" Und schon sucht man nach der ultimativen Veränderungsstrategie, die alles richten soll. Entsprechend werden Namen von Beratungsfirmen gehandelt, die sich darauf spezialisiert haben. „Veränderung", sagt schließlich einer, „dass ich nicht lache. Unsere Top-Leute können große Reden halten, doch wenn es z. B. darum geht, bei sich selbst Einsparungen vorzunehmen, dann fahren sie ungeniert ihre dicken Autos weiter. Die wollen, dass wir kleinen Leute uns verändern, aber dass bei ihnen alles so bleibt, wie es ist." Dann werden Geschichten erzählt von dem Freund, dessen Bruder letztes Jahr so etwas Ähnliches erlebt hat und dabei böse Erfahrungen gemacht hat. Ein anderer erzählt von einer Beratungsfirma, die erst die üblichen 18 % Rationalisierungspotenzial ermittelt und die Firma dann mit einer Neustruktur zurückgelassen hat, bei der jetzt „gar nichts mehr" geht. „Warte nur mal ein Weilchen", fährt er fort, „dann werden wir viele alte Gewohnheiten wieder aufnehmen und alles genauso machen wie vorher".

Entscheidend ist weniger der Inhalt der Geschichte als ihre Botschaft: Gelingt eigentlich Veränderung? Hat denn irgendjemand ein erfolgreiches Veränderungsprojekt erlebt oder von ihm gehört? Meistens passen die impliziten Botschaften zu der augenblicklich erlebten Situation und ernten allgemeine Zustimmung, weil sie in Geschichten eingebettet sind, die mehr erklären als jede Theorie. Irgendwie scheinen weder die Begründungen, die für die augenblickliche Lage seitens des Managements vorgetragen werden, noch die daraus definierten Veränderungsprozesse für die Menschen in den Unternehmen verständlich und transparent.

Die Schuld an Krisen und Problemen wird häufig allein dem Management angelastet, das nicht verstanden hat, die „Impulse" vom Markt aufzunehmen, die „Signale" der Banken, die „Alarmzeichen" der Mitarbeiter oder die „Herausforderungen" des Wettbewerbs „richtig" zu interpretieren. Wenn wir uns von dem Bild verabschieden, dass das Topmanagement generell egozentriert und borniert nur arme, machtlose Opfer eines kapitalistischen Systems dirigiert, dann müssen wir zu folgender nüchterner Überlegung kommen: Interpretationen bezüglich des gleichen Betrachtungsfeldes seitens derjenigen, die im Zentrum des Handelns und Entscheidens stehen, und derjenigen, die von außen und retrospektiv die Handlungen und Entscheidungen bewerten, sind zwei verschiedene Paar Schuhe. Doch was macht nun den Unterschied aus, der den Unterschied ausmacht (Bateson 1972, S. 15 ff.)?

Mythen und Legenden entstehen offenbar deshalb, weil das Material, aus dem die Geschichten sind, nicht schlüssig analysierbar ist.

Man kennt zwar einerseits die Theorie, die Lehre, die Formeln und erlebt anderseits die Entscheider, die Manager, das psychologisch-soziologische Moment. Beide Komponenten greifen jedoch nicht schlüssig ineinander. Wie soll man das Geschehene erklären, wenn der unternehmerische Alltag nur in rationalen Managementformeln ausgedrückt werden kann? Soziale, psychische oder politische Phänomene gehören nicht zum Untersuchungsgegenstand der Betriebswirtschaftslehre. Eine Unternehmung wird nicht dadurch erfolgreich, dass sie allein den Erfordernissen der goldenen kaufmännischen Regel folgt, weniger auszugeben, als sie einnimmt. Hinter der Theorie stehen Menschen, die eine Unternehmung erfolgreich oder nicht erfolgreich machen. Doch wie erklärt eine Managementlehre diese Menschen und ihre Strategien? Wie kann Sie Erklärungen für Phänomene finden, die ihre theoretische Kenntnis nicht vorhält?

Mythen, Sagen, Legenden über Heldentugenden und andere Geschichten von Krisen und ihren Lösungen nähren bei unsicherer Ausgangslage bestimmte Meinungen, die das einmal erklärte Phänomen plausibel kategorisieren und in Begrifflichkeiten beschreiben, die in den Kontext des Analysten passen. Oder, anders ausgedrückt: Wir folgen immer der Geschichte, der wir folgen wollen. Wer einen Meinungsrahmen hat, der findet auch einen Weg, darin zu argumentieren (Foucault 1974, S. 18 f.). Gleichzeitig vermitteln diese Geschichten nämlich auch eine Methode, wie Problem und Lösung zueinander stehen, ohne sie irgendwie theoretisch begründen zu müssen (Kopp 1979). Wer sich vornimmt, den Weg aus der Krise zu organisieren, der muss lernen, die erzählten Geschichten zu verstehen, ihre Muster und Methodik zu untersuchen, um sie dann für das Neue zu nutzen. Die Menschen haben ihr Leben lang Erfahrungen gemacht. Diese wurden nicht als objektive Datenabfolge abgespeichert, sondern in Form von Metaphern, als Fazit des gelebten Augenblicks. Sie werden mit ihren Interpretationen und Bewertungen auf neue Kontexte oder Erlebnisse transponiert. Das ist der Stoff, aus dem die Träume von Problem und Lösung sind, seien sie motivierend oder hoffnungslos.

In diesem Buch können wir nicht allen Geschichten nachgehen, die in den Köpfen der Menschen herumgeistern. Das zu versuchen würde bedeuten, den Mythos zu erschaffen, dass jede Geschichte erklärbar sei. Einige Geschichten folgen ihren eigenen Landkarten, und jede theoretische Reflektion greift zu kurz. Aber viele Geschichten haben einen gemeinsamen methodischen Hintergrund, der zeigt, wie ein Problem beschrieben wird und wie sich Menschen Lösungen vorstellen. Dieser gemeinschaftliche methodische Hintergrund ist dadurch entstanden, dass Menschen offenbar zu ähnlichen Interpretationen und Bewertungen gelangt sind, die ihnen logisch und plausibel erscheinen. Aber woher nehmen sie die Erkenntnis, das dies so ist (Unsinn 1997)? Wieso glauben Menschen, dass man bei einer bestehenden Ausgangslage nur so und nicht anders zur Lösung kommen kann? Selbst die Behauptung, in einem bestimmten Fall gebe es keine Lösung, kann auch eine Lösung darstellen.

Hier setzt die Methode der Organisationsentwicklung an. Es geht dabei um das Lernen und das Verstehen, die Methodik transparent zu machen, die es erlaubt, miteinander zu denken und zu entscheiden. Deshalb ist es so wichtig, aus den gelebten und erzählten Geschichten die Struktur der Unternehmung, ihre Handlungsmuster und ihre Entscheidungsprozesse zu analysieren und zu verstehen. Gemeinsam mit den Betroffenen werden Veränderungsprozesse entwickelt und gestaltet, anders als bei Reengineering-Prozessen, die dazu tendieren, Lösungen „durchzupressen".

Von denjenigen, die den Prozess einer Veränderung in die Hand nehmen, werden Konzepte verlangt, die sowohl die Ausrichtung als auch die Methode so transparent machen, dass die Plausibilität des Lösungsweges deutlich und nachvollziehbar wird. In der Praxis zeigt sich, dass immer wieder die alten, aber manchmal auch neue Konzepte vorgestellt werden, doch ohne vom Bewusstsein begleitet zu sein, dass sie alt oder neu sind (Feyerabend 1976, S. 21 ff.). Sicher verbergen sich hinter der Vielzahl von bunten Präsentationsfolien, die die Kompetenz eines Konzeptes unterstreichen sollen, kreative Ideen. Aber auch hier sind es die wissenschaftstheoretischen Annahmen und Methoden, die als Metaphern auf die Denkhaltung Einfluss nehmen, ohne dass dies denjenigen bewusst wird, die sich dort präsentieren. Warum der eine eher wie ein Ingenieur die Dinge anpackt oder ein anderer alles „systemisch" sieht, liegt in der individuellen Geschichte der „Veränderungskünstler" verborgen. Wichtig ist in jedem Fall, dass der Auftraggeber weiß, welcher Denkhaltung welche Vorgehensweise folgt und ob diese zum eigenen Unternehmen passen. Er sollte wissen, dass von verborgenen Denkmethoden mit ihren impliziten Annahmen, Normen und Prinzipien erheblicher Einfluss auf die Gestaltung des Veränderungsprozesses ausgeübt wird.

Schließlich wollen wir uns mit der Methodik der Umsetzung von Organisationsentwicklungsprozessen selbst auseinander setzen. Dabei gehen wir der Frage nach, wie man Veränderungsprozesse initiiert: von oben nach unten, von unten nach oben oder beides. Zunächst muss geklärt werden, von wo man startet, mit welchem methodischen Konzept man arbeiten will und wie man einen Prozess der kontinuierlichen Selbsterneuerung organisiert. Dann muss das Drama der Organisationsentwicklung von kompetenten Menschen begleitet werden, die den Anspruch haben, jederzeit den methodischen Weg ihrer Arbeit erklären zu können, denn „wenn du weißt, was du tust, kannst du tun, was du willst“ (Moshe Feldenkrais).

Hiervon handelt dieses Buch, und jetzt kann das Drama beginnen …

Das Drama der Organisationsentwicklung

Die Idee zur Umgestaltung einer Organisation ist der Beginn eines Veränderungsprozesses, der sehr viel Freude, aber auch viele Sorgen mit sich bringt. Wenn man gewinnt, die Konkurrenz schlägt, den Kunden zufrieden stellt, die Mitarbeiter begeistert und finanziell balanciert ist, ist das berauschend. Schmerzhafte Teile eines solchen Prozesses sind die Trennung von Mitarbeitern, die Veränderungen nicht mittragen wollen, der Verkauf von Geschäftsanteilen und die Zerstörung von Traditionen. Vor allem Letzteres ist oft ein wesentlicher Teil einer Erneuerung, denn was in der Vergangenheit funktioniert hat, führt in der Gegenwart oft zum Misserfolg.

Die Gestaltung einer Organisation verlangt eine neue Vision, d. h. neue gedankliche Rahmen im Hinblick auf Märkte, Produkte, Strategiestruktur und Personalentwicklung. Veränderungsmanager beginnen mit dem, was sie vorfinden. Sie sind wie Architekten, die mit visionärem Blick veraltete Fabriken für eine neue Nutzung umgestalten müssen. Aber folgen sie tatsächlich einer neuen Vision oder dem Drängen externer Berater, die ihnen ein Horrorszenario entwerfen?

Diejenigen, die sich mit der Veränderung in ihrem Unternehmen auseinander setzen, stehen vor einem Gestaltungsprozess wie ein Künstler vor seiner Leinwand oder der Musiker vor seinen Notenlinien. Doch kennen sie sich in der Fertigkeit, die ihre Arbeit verlangt, auch so aus? Haben Sie die Ahnung von Mischtechnik, Pinselführung, Harmonielehre und Instrumentierung (Harlan 1987, S. 31 f.)?

Die traditionellen Managementfähigkeiten wie zum Beispiel finanzieller Weitblick, Sachverstand in Fertigungsfragen und Marketingkenntnisse sind in den meisten Erfolgsstorys von Organisationen wichtige Bestandteile. Doch wenn man umgestalten will, reichen sie nicht aus. Die Fähigkeit, einen gedachten Veränderungsschritt aus verschiedenen Perspektiven zu betrachten, setzt das Wissen davon, wie so etwas geht, und die Bereitschaft zum Experimentieren voraus (Sievers 1997, S. 10 ff.). Trauen sich die angesprochenen Manager das zu? Wer verändern will, muss zunächst den methodischen Hintergrund verstehen, muss also verstehen, wie er selbst seine Unternehmung organisiert hat, denn daraus erklärt sich ja seine jetzige Situation. "Wie haben wir es angestellt, dass es uns jetzt so schlecht geht?" Können die Betroffenen eine solche Frage stellen, ohne sich in Rechtfertigungsstrategien zu ergehen? Besteht die Bereitschaft, in die Rolle der Lernenden zu schlüpfen, um am eigenen Leibe auszuprobieren, was man den anderen später zumuten will?

Probleme, so glaubt man, ließen sich erfolgreich vermeiden, indem man eine große Beratungsfirma ins Haus holt, der die Kompetenz vorausläuft zu wissen, wie Veränderung zu organisieren sei. Der Auftraggeber hat so den Vorteil, sich nicht selbst mit den lästigen Details der allgemeinen Befindlichkeit im Unternehmen auseinander setzen zu müssen. Die Beratungsfirma ermittelt zunächst das „wahre" Problem. Das ist nicht unbedingt das, was die Menschen im Unternehmen als ein solches bezeichnen würden. Doch dank einiger Überredungskünste seitens der Berater sind sie bereit, daran zu glauben. Was sollten sie auch anderes tun? Denn sonst wären sie mit ihrem „wirklichen" Problem wieder allein. Der nächste Schritt ist dann, sich dem methodischen Vorgehen dieser Beratungsfirma zu überlassen, ohne wirklich mitdenken zu können. Die Menschen werden zwar am Lösungsfindungsprozess beteiligt, wie jedoch z. B. aus einem entdeckten Einsparpotenzial von 0,43 Mann-Kapazität in einem Team ein ganzer Mensch wird und wie dann die Arbeit auf weniger Köpfe so verteilt wird, dass das Tagesgeschäft auch noch weitergehen kann, das wird selbstverständlich nicht diskutiert. Man ist froh, ein Rationalisierungspotenzial ermittelt zu haben, und bittet die Betroffenen, dies umzusetzen.

Kürzlich sagte uns ein Vorstand: „Glauben Sie wirklich, dass unsere Leute selbst eine solche kompetente Veränderung herbeiführen können?" Wir antworteten: „Das müssen sie doch sowieso alleine tun, nachdem wir Ihnen als Beratungsfirma die Veränderungspläne in ihre Firma getragen haben." Dem Vorstand wurde da erst deutlich, dass eine Beratungsfirma eben „nur" Konzepte zurücklässt. Die eigentliche Leistung der Veränderung muss durch die Betroffenen selbst erbracht werden, und zwar dann, wenn die Berater schon längst das Haus verlassen haben.

Dieses Buch handelt von dem dornigen Weg, Organisationsentwicklung als Methode zu verstehen. Da es kein fertiges Change-Konzept gibt, muss sie einen transparenten Weg aufzeigen, wie sich Unternehmen einen solchen Prozess selbst erarbeiten können. Selbst wenn Verantwortliche in Unternehmen oft glauben, dass eine bekannte Beratungsfirma ein methodisches Konzept aus der Tasche ziehen könnte, welches einen systematische Veränderungsprozess organisiert, kommen sie nicht umhin, über folgende Fragen nachzudenken: Gesetzt den Fall, wir hätten alles verändert. Was wäre dann anders? Wäre das andere besser als das, was wir heute haben, und passt die neue Lösung zu unserer Firma, unserer Kultur, unseren Menschen? Es geht ja nicht allein um ein Change-Konzept, sondern auch darum, wie die daran beteiligten Menschen die identifizierten Handlungsfelder als für sich passend empfinden und die Bereitschaft entwickeln, Neues zu versuchen.

Wir wollen die Mythen, Legenden und Heldentugenden aufspüren, die Veränderungen vorausgedacht werden. In ihnen stecken Normen, Regeln und Prinzipien, die auf geheimnisvolle Weise ihre Wirkung tun. Wir wollen sie entmythologisieren, um sie zu verstehen und gegebenenfalls ihre Kraft zu nutzen. Das alles lässt sich weder delegieren noch von externen Hilfen erledigen, denn der Veränderungsprozess ist Chefsache von Anfang an. Organisationen werden gerade während eines Veränderungsprozesses durch ihr Wettbewerbsumfeld herausgefordert. Man kann Systeme entwickeln, um die Wirtschaftlichkeit zu garantieren oder weiter zu optimieren, aber erst die Führung ermöglicht eine Organisation und gewährleistet, dass diese auch umgesetzt wird. Insofern ist die Umgestaltung einer Organisation kein Prozess, den die Führungsebene als Projektarbeit delegieren kann, sondern bedarf ihrer klaren Führung und uneingeschränkten Bereitschaft, auch in schwierigen Zeiten den Weg anzugeben.

Es bleibt einem manchmal nur das Staunen, wenn man Unternehmen in Veränderungsprozessen erlebt, in denen die Führungsebene aus lauter Zeitmangel alleiniger Gralshüter der im Veränderungsprozess angefallenen Kosten oder Einpeitscher völlig illusorischer Einsparpotenziale ist. Dann sieht man nichts als reproduzierende Künstler vor sich, die zum x-ten Male einen Caspar David Friederich mit immer düstereren Farben nachmalen oder die Ouvertüre zu Beethovens Fidelio im doppelten Tempo geigen.

Veränderungsprozesse sind jedoch nicht das alleinige Heilmittel, einem in die Krise gekommenen Unternehmen wieder auf die Sprünge zu helfen. Jede Organisation muss ständig neu belebt und kontinuierlich verbessert werden, denn stetige Marktpräsenz erfordert ständige Anpassung an veränderte Marktbedingungen. Die Notwendigkeit zur Umgestaltung betrifft nicht allein reformbedürftige Krankenhäuser und eine beamtenlastige Dienstleistungsgesellschaft, sondern schließt viele relativ neue Hightech-Unternehmen mit ein. Mittelständische Unternehmen sind häufig durch die Persönlichkeiten geprägt, die sie führen. Letztlich ist es jedoch egal, ob man die Firma selbst gegründet hat, sie als hoch bezahlter Manager dirigiert oder sie per Dekret verwaltet: Veränderung ist immer eine Frage der Bereitschaft, sich mit der eigenen Persönlichkeitsstruktur auseinander zusetzen, den Geschichten anderer zuzuhören und ihren Interpretationen zu folgen, selbst wenn man glaubt, alles zu wissen und zu können. Schließlich wollen wir diesen Prozess auch denjenigen Managern deutlich machen, die die Verantwortung für die Zukunft und den Erfolg der Unternehmung übernommen haben, ohne sich selbst zum Anlass eines neuen Mythos zu machen.

Wenn ein Change-Prozess angekündigt wird, fühlen sich die Manager der mittleren Führungsebene häufig in den Sog der Veränderungen mit hineingezogen. Sie sehen sich als Opfer der Entwicklung, nicht als Täter und Mitgestalter des eingetretenen Zustands. Psychologisch sind ihre Gefühle voraussagbar. Der allgemein menschliche Wunsch, ein Gleichgewicht zwischen der Suche nach Vielfalt und Abenteuer und dem Bedürfnis nach Dauerhaftigkeit und Sicherheit zu schaffen, ist von vielen Philosophen und Dichtern beschrieben worden. Da Veränderung stets Unsicherheit bedeutet, haben viele Menschen Probleme, sich damit auseinander zusetzen. „Hamlet", Shakespeares bekannte Tragödie, kreist um dieses Thema: Hamlets verhängnisvollster Fehler ist sein Widerwille zu handeln.

Wenn Organisationen verändert werden sollen, müssen Manager und Angestellte in den Untenehmen lernen, mit Ängsten und Kritik, die aus einer Anpassung an eine Veränderung resultieren, auf faire Weise umzugehen. Ironischerweise sind es oft gesunde Unternehmen, in denen der Widerstand gegenüber Veränderungen größer ist als bei solchen, die in einer Krise stecken. Ein Mitarbeiter einer großen deutschen Unternehmung sagte zu mir: „Ich habe manchmal den Eindruck, dass unser Management aus lauter Angst vor einem Veränderungsprozess unsere Probleme erkennt, aber die Lösungen nur im Austausch von Köpfen sucht." In aller Regel bringt Organisationsentwicklung Unruhe in die behaglich geheizten Funktionsbereiche, deckt Führungsschwächen auf und bringt diejenigen in einen Erklärungsnotstand, die in die Krise geführt haben.

Unternehmen, die am Rande des Bankrotts stehen, haben andere Prioritäten als solche, deren Zahlen stimmen. Insofern ist es für prosperierende Unternehmen ungleich schwerer, die Mitarbeiter davon zu überzeugen, dass gerade jetzt mit dem Umbau der Organisation begonnen werden muss. Dieser Fall ist geradezu klassisch für multinationale Unternehmen. Jede Führungsebene ist zunächst theoretisch davon überzeugt, dass eine kontinuierliche Veränderung zu ihren Aufgaben gehört. Der Grad der Bereitschaft, wirklich zu schütteln und zu rütteln, um die Mitarbeiter wach zu machen für die Herausforderungen des Marktes und der Konkurrenz, ist jedoch stark abhängig von der eigenen persönlichen Entwicklung des Führungspersonals (Bennis 1998, S. 41 ff.). Wer den Wert „Veränderung" aus seiner eigenen Lebensgeschichte als Bedrohung interpretiert und bewertet, wird diese Einstellung wie eine Fahne vor sich hertragen. Auch wenn viele Führungspersonen dies nicht wahrhaben wollen, die Mitarbeiter erkennen schnell, ob ein Vorgesetzter die Veränderung wirklich will oder sich im Sinne einer politischen Aktion in Scheinaktivitäten verliert.

Der Mythos der Veränderer

Zehn Heldentugenden für Change-Manager

Beschäftigen wir uns zunächst mit den Personen, die für Veränderungsprozesse ausgesucht wurden. Lassen sich hier Grundmuster in der Persönlichkeitsstruktur solcher Manager finden, die Changeprozesse erleichtern oder erschweren?

Unserer Meinung nach ist eines der Schlüsselprobleme europäischer Unternehmen und Organisationen, dass sie übermäßig gemanagt und zu wenig geführt werden. Das Gleiche gilt für die Durchführung von Veränderungsprozessen. Allzu häufig beschließt die oberste Führungsebene den Wandel und delegiert seine Umsetzung. Diejenigen, die jetzt den Prozess zu gestalten haben, bewegen sich im Unternehmen wie Freiwild. Weder besteht Klarheit hinsichtlich ihrer Kompetenzen, noch fühlen sie sich von der oberen Führungsebene getragen und geschützt. Häufig erkennt man bereits an der Auswahl dieser Personen, dass Führungspersönlichkeiten gar nicht gewünscht sind. Die für den Wandel notwendigen Entscheidungsspielräume können auch gar nicht im Vorhinein mit Qualifikationen belegt werden, die den einen befähigter erscheinen lassen als den anderen. Wo sollen die Veränderungskompetenzen denn auch gelernt worden sein? Zum Teil liegen die Ursachen wohl in der Struktur unserer Universitäten und Managementschulen: Wir bringen den Menschen bei, wie man ein guter Techniker, Verwalter oder ein guter Angestellter wird, aber wir bereiten sie weder darauf vor, andere zu führen, noch wie man vom strategischen Konzept zum Begeistern und Umsetzen kommt. Zunächst werden die jungen Menschen auf Universitäten mit einem wissenschaftlichen Ausbildungspaket konfrontiert. Hier wird lediglich die Breite der wirtschaftlichen Komplexität vermittelt. Bei der Ausbildung des Führungsnachwuchses wird zu wenig auf die Fähigkeiten und Kenntnisse geachtet, die eine

Führungskraft braucht, um erfolgreich zu sein. Überaus fraglich ist auch, ob die Universitäten und Hochschulen ihren eigenen Anspruch, theoretische Vordenker für wirtschaftliche Prozesse zu sein, überhaupt noch einlösen können. Ist es denn nicht eher so, dass sie zum Nachdenker einer schon längst gängigen Praxis geworden sind? Ja, man kann vermuten, dass der in vielen Hochschulen vermittelte Stoff um Jahre hinter der gelebten Praxis zurückbleibt.

Gleiches gilt für die Ausbildung in Unternehmen. Da gibt man den Führungsnachwuchs in Hände von internen und externen Trainern, die selbst kaum Führungsaufgaben in einer Linienfunktion innehatten oder sich aufgrund unerfüllter Karrierewünsche resigniert ins Trainingsgeschäft zurückgezogen haben. Betriebliche Weiterbildung erzieht oft zu einer zynischen Besserwisserei. Der praktische Beweis für die Richtigkeit vorgebrachter Thesen wird kaum je angetreten.

Unternehmen müssten entweder ihre besten Führungskräfte temporär heranziehen oder Trainer engagieren, die Führungsaufgaben innehatten, um den Führungsnachwuchs zu lehren, wie man die Verantwortung für die Unternehmung von morgen übernimmt. Wann werden die Führungskräfte von Unternehmen lernen, dass es nicht reicht, sich über das Wissen der Nachwuchskräfte in einem Mitarbeitergespräch zu „informieren" (noch fürchterlicher sind die so genannten Kaminabende, an denen die Top-Manager den Nachwuchskräften sprichwörtlich eins vom Pferd erzählen, da sie nämlich tatsächlich ein Pferd haben und von ihrer letzten Erleuchtung während eines Ausritts schwadronieren), sondern ihnen mehr Zeit widmen, sie systematisch bei wichtigen Diskussionen hinzuziehen und sie an der Abwägung von Entscheidungen teilhaben lassen?

Soll der Veränderungsprozess gelingen, bedarf es Führungspersonen in Schlüsselpositionen, die kraft ihrer Persönlichkeit Veränderungsprozesse kompetent begleiten können. Bei der Untersuchung deutscher Führungskräfte, die erfolgreiche Veränderungsprozesse durchgeführt hatten, wurden uns verschiedene Kernkompetenzen genannt, die maßgeblichen Einfluss auf den Erfolg eines Umgestaltungsprozesses haben. Die genannten Kernkompetenzen sind eher wie Tugenden zu verstehen, denn es handelt sich dabei um Fähigkeiten, von denen man erzählt, dass sie erfolgreich machen, die man sich sogar manchmal in schlichter Überschätzung selbst zuschreibt, aber in aller Regel in ihrer Vollständigkeit kaum lebbar sind.

Dennoch geistern sie wie Mythen durch die Unternehmungen, und deshalb ist es wichtig, sie in ihrer Wirkung zu verstehen. Diese Tugenden schaffen Legenden, weil sie eine Qualität ausdrücken, die in keinem betriebswirtschaftlichen Lehrbuch erklärt werden.

Die betriebswirtschaftliche Theorie trennt die Betrachtung der Unternehmung vom Beobachter ab. Vom Beobachter wird verlangt, „daß die Eigenschaften des Beobachters nicht in die Beschreibung seiner Beobachtung eingehen dürfen" (von Helmholtz 1921, S. 49). Das schafft genau die Probleme, die Hochschulabsolventen mit der Praxis haben: Solange die Theorie sich als von der Welt getrennt erklärt und sie wie durch ein Guckloch betrachtet, kann sie denen da draußen sagen, wie sie sich verhalten sollen: Du sollst …! Du sollst nicht …! So kann man getrost moralisieren. Im Unterschied dazu werden die Menschen in der Praxis für ihr Handeln verantwortlich gemacht. Doch wer möchte schon gern für seine Handlungen Verantwortung übernehmen? Es ist doch viel angenehmer, diese Last anderen aufzubürden.

Dennoch hat die Forderung nach Verantwortungsübernahme für die vorgeschlagenen Rezepte ihre Berechtigung. Die Selbstbezüglichkeit eines vorgeschlagenen Weges offenbart, ob die Führungskraft die entwickelten Rezepte an ihrer eigenen Person vorleben kann. Das Phänomen der Heldentugenden und ihrer Mythen bildenden Kraft besteht letztendlich darin, dass sich die Helden mit ihren Rezepten verbunden haben. Da für die Theorie der Rezeptor nicht existiert, muss der Mythos erklären, was die Theorie nicht kann oder will.

1. Heldentugend: Aufmerksamkeit

Der Narzisst würde sagen: „Schaut auf mich! Wie findet ihr mich? Bin ich nicht toll?!" Aber genau das sagt unser Manager mit der 1. Heldentugend nicht. Er sagt: „Schaut auf mich! Versuchen wir es zusammen!" Eine der offensichtlichsten Eigenschaften einer Führungspersonen ist ihre Fähigkeit, andere auf sich zu konzentrieren. Dies schafft sie, weil sie eine Vision, einen Traum, bestimmte Absichten und eine außergewöhnliche Hingabe für eine Sache hat. Eine solche Führungskraft löst bei anderen geradezu das Bedürfnis aus, sich ihr anzuschließen, denn sie versteht es, andere in ihre Vision einzubeziehen.

Solchen charismatischen Führungspersönlichkeiten gelingt es oft, ihren Anhängern eine völlig neue Ebene der Erfahrung zu erschließen (Bennis 1998, S. 37). Auch der Volkswagenvorstand Lopez gehörte zu diesen außergewöhnlichen Menschen. Die Mitglieder seines engeren und weiteren Funktionsbereiches waren von seiner Hingabe an den Wandel infiziert. Diejenigen, die seine Philosophie nicht nur in geschäftlichen Angelegenheiten teilten, trugen ihre Uhr auf dem anderen Arm, als sichtbares Zeichen, dass von jetzt ab die Dinge anders liefen.

Solche Persönlichkeiten sind jedoch die Ausnahme. Stattdessen begegnen uns vielerorts Vielredner, die heute dies und morgen das im Unternehmen verkünden. Sie treten vor Gruppen und Versammlungen auf, kennen die Sprache derjenigen nicht, die sie begeistern wollen, und klagen über mangelnde Beteiligung und fehlendes Engagement. Erscheint solch ein Vorstand jedoch jemals in der Produktion am Band und spricht mit den betroffenen Menschen? Nein! Es hat den Anschein, dass es heute zur standardisierten Entschuldigung eines Managers gehört, er könne sich leider mit den Menschen in der Unternehmung nicht persönlich auseinander setzen, da sein Terminkalender ihm andere Prioritäten vorschreibe. Ganz abgesehen davon, dass er nicht ernsthaft behaupten kann, Opfer seiner eigenen Unternehmung geworden zu sein, scheint es eher eine Flucht vor der Herausforderung, sich den manchmal verblüffend einfach und treffenden Fragen der Menschen zu stellen, um zuzuhören und zu lernen. Es geht hier nicht nur darum, Antworten zu finden. Vielmehr muss eine Führungskraft zeigen, dass sie von ihrer Sache überzeugt ist und Begeisterung dafür vermitteln kann.

D. Zetsche, Vorstand des DaimlerChrysler-Konzerns, erlebte schwere Zeiten bei der Sanierung des Chrysler-Werkes. Statt sich in großen Reden zu verlieren, suchte er das Gespräch. Jeden Mittag aß er in der Kantine, suchte sich einen freien Platz am Tisch neben den Arbeitern vom Band. Er stellte sich den kritischen, mitunter auch aggressiven Fragen der Menschen, die miterleben mussten, wie 24 000 Kollegen entlassen wurden, eine deutsche Führungsspitze in einem uramerikanischen Unternehmen agierte und eine ihnen fremde Kultur vorlebte.

Die Heldentugend 1 erklärt: Wer Veränderung will, hat denjenigen die höchste Aufmerksamkeit zu widmen, die den Wandel durchführen und vom Wandel am stärksten betroffen sind: den Menschen im Betrieb. Es geht voran, und es reißt mit.

2. Heldentugend: Sinnvermittlung

Menschen können nur mitdenken und sich für etwas Neues begeistern, wenn sie den „Sinn" der Absicht, der Aktion, verstehen. Um ihre Träume und Vorstellungen anderen zugänglich zu machen, sie dafür zu begeistern, müssen die Führungspersonen zu jeder Zeit und an jedem Ort hellwach sein, um ihre Ideen zu vermitteln. Kommunikation wird durch Begeisterung geprägt, d. h., Führungskräfte machen ihre Vorstellungen regelrecht greifbar. Denn jede noch so verlockende Vision bedarf doch auch einer Metapher, eines präzisen Begriffes oder Modells, damit sie anderen nahe gebracht werden kann (Sloterdijk 1993, S. 25 ff.). Je weiter gespannt und komplexer eine Organisation, umso wichtiger diese Fähigkeit. Gute Führungskräfte vermitteln so ihre Ideen den verschiedenen Ebenen eines Unternehmens, ungeachtet eventueller Störungen durch Interessengruppen oder Widersacher.

Wenn man die Räume einer Unternehmung betritt, kann man erkennen, auf welche Weise die Sinnvermittlung stattfindet. Oft hängen die Wände voller Plakate. Plakataktionen ersetzen jedoch nicht den persönlichen Kontakt. Je größer die Angst vor dem persönlichen Auftritt, desto größer die Wandmalereien. Manchmal werden selbst auf den Außenflächen eines Fabrikgeländes riesige Tafeln errichtet, die Veränderungsaktionen ankündigen oder fürs „Mitmachen" werben: Eine hochkarätige Werbeagentur hat markige Sprüche entwickelt – die Mitarbeiter schütteln jedoch den Kopf, sie verstehen den Sinn nicht.

Hier haben die Führungskräfte auf persönliches Engagement verzichtet, die betroffenen Menschen nicht begeistert, ihr Herz nicht erreicht. Da hilft auch kein noch so bekanntes Werbeunternehmen. Wird die Ebene der Resonanz bei den eigenen Mitarbeitern übergangen, schafft es das Top-Management nicht, seine Vision zu prüfen und seiner Sinnstiftung anzupassen. Singt es weiter das alte vorschnelle Lied vom gelobten Land, dann wird der Rest des Veränderungsprozesses zum Kraftakt zwischen Management und Mitarbeitern.

Die Heldentugend 2 erklärt: Die Menschen erwarten keine langen Erklärungen, aber auch keine sinnentleerten Schlagworte. Sie erwarten klare, prägnante Aussagen, die sie mit ihrem Lebenskontext in Verbindung bringen können und die ihnen daraus Sinn geben.

3. Heldentugend: Verantwortung

Die fundamentale Frage, die sich dem Veränderer stellen muss, heißt: „Habe ich Vertrauen zu dem, was ich da vorhabe, übernehme ich dafür die volle Verantwortung?" Es erfordert ein hohes Maß an Verantwortung, fundamentale Veränderungsschritte durchzuführen. Führung zeigt außergewöhnliche Erfolge, wenn das Klima im Unternehmen durch Verantwortung und Vertrauen gekennzeichnet ist. Verantwortung übernehmen bedeutet, für das, was man sagt, einzutreten, die Probleme zu Ende zu denken sowie falsche Entscheidungen schnellstmöglich zu revidieren. Es ist vor allem die Verantwortung für das Unternehmen, die es Führungskräften gebietet, ihre Aufgaben bestmöglich zu erfüllen (Malik 1994, S. 216). Wer Verantwortung übernimmt, benötigt vor allem Glaubwürdigkeit und Überzeugungskraft, um seine Ideen in die Tat umzusetzen. Die Behauptung, „nichts" tun zu können, ist nichts anderes als eine Flucht vor der Verantwortung (Mann 1995, S. 238).

Da jeder Mensch verschiedene Fähigkeiten besitzt, kann es nicht die ideale Führungskraft geben, der alle nacheifern sollten. Jedoch sind alle erfolgreichen Führungskräfte bestrebt, dazuzulernen und ihr Repertoire an Führungsqualitäten zu erweitern. Die dafür erforderliche Verantwortung gebietet es, die menschliche Seite der Organisation viel stärker in die anzustellenden Überlegungen mit einzuschließen. Verantwortungsbewusstes Handeln für sich selbst und für andere stellt sich somit als Kern einer neuen Humanität dar. So geben erfolgreiche Manager ihren Mitarbeitern ein Höchstmaß an Eigenverantwortung, damit sie die Probleme autonom lösen können. Autonomie ist die wesentliche Grundvoraussetzung, um Verantwortung übernehmen zu können – sowohl im Hinblick auf die Zielerreichung als auch im Rahmen der persönlichen Freiheit zur kreativen Problemlösung.

Verantwortliches Handeln zeigt sich vor allem dann, wenn der Ruf nach mehr Autonomie auch Überprüfungen standhält. Wer anderen Autonomie gibt, hat auch das Recht zu prüfen, wie damit umgegangen wird. Anhand der Resultate lässt sich erkennen, wie verantwortungsvoll der Umgang mit ihr war. Allerdings ist die Bereitschaft, sich diesem Controlling zu stellen, wenig entwickelt.

Zukünftig geht es nicht mehr allein um den Wettbewerb von Marktanteilen *(marketshare)*, sondern vor allem um das Erreichen von Denkanteilen *(mindshare)* (vgl. Cronin 1994, S. 48). Netzwerke bilden und Informationsaustausch beschleunigen heißt die Devise. Und dieses Erreichen von Wissen bedeutet vor allem, Verantwortung für sein alltägliches Handeln zu übernehmen. Deshalb müssen Führungskräfte ihrer Verantwortung nachkommen, wenn sie nichtverantwortungsvolles Handeln rügen. Lenkung im Rahmen des Managements bedeutet jedoch nicht Wegnahme von Verantwortung, sondern vielmehr jene Rahmenbedingungen zu fördern, die eine Selbstorganisation von verantwortungsbewusstem Handeln erleichtern.

Die Heldentugend 3 erklärt: Jeder trägt für alles die Verantwortung, dessen Teil er ist. Verantwortung entsteht immer in Relation zu den Strukturen und Prozessen, in denen wir uns bewegen. Verantwortung ist immer sowohl auf die Gegenwart als auch auf die Teilhabe am Entstehenden bezogen. Insofern wächst für Führungskräfte die Notwendigkeit, diese Strukturen und Prozesse zu klären und den Mitarbeitern zu vermitteln.

4. Heldentugend: Selbstmanagement

Eine weitere Voraussetzung des Führens generell, aber besonders in Changeprozessen ist die engagierte Arbeit an der eigenen Persönlichkeit, d. h. die kritische Betrachtung der eigenen Qualitäten und ihre kontinuierliche Weiterentwicklung. Ohne Selbstmanagement bewirkt Managertätigkeit unter Umständen mehr Schaden als Nutzen. Ebenso wie inkompetente Ärzte machen inkompetente Manager den Menschen das Leben schwer und rauben ihnen die Vitalität. Echte Führungspersönlichkeiten kennen sich selbst, sie kennen ihre Stärken und bauen sie ständig aus.

Darüber hinaus muss gefragt werden, wie viel Zeit Führungskräfte dem notwendigen Ausbau ihrer Persönlichkeit widmen. Offensichtlich ist der Manager ab 45 zu einer Weiterbildung nur hinsichtlich bestimmter Fachkompetenzen bereit. Er glaubt, dadurch, dass er verheiratet sei und zwei Kinder gezeugt habe, sei sein Reifungsprozess abgeschlossen. Hinsichtlich seiner eigenen Persönlichkeitsstruktur kommen ihm kaum Zweifel. Deshalb bucht er zur Entwicklung seiner Führungskompetenz eher ein Strategieseminar in der Schweiz oder einen allgemeinen Managementkurs in Harvard. Auch dies können geeignete Weiterbildungsmaßnahmen für Führungskräfte sein, allerdings nur, wenn sie die Bereitwilligkeit fördern, die eigene Persönlichkeitsstruktur zu hinterfragen.

Viele Führungskräfte über 45 Jahre erklären jedem, der es hören will, wie wichtig die ständige Weiterentwicklung der Persönlichkeit, vor allem vor dem Hintergrund der kontinuierlichen Veränderung von Märkten und Unternehmen, sei. Allerdings sind sie kaum auf Seminaren zu finden, in denen daran gearbeitet wird: „Dafür bleibt mir keine Zeit, da muss ich meine jüngeren Kollegen hinschicken. Die werden dann mit den richtigen Anregungen zurückkommen." Genau hier liegt das Missverständnis. Es ist nicht möglich, aus solchen Veranstaltungen einfach Tricks und Kicks mitzunehmen. Sie werden für verantwortungslose Manager zum Spielball von unreflektierten Ad-hoc-Maßnahmen. Sie können auch nicht in der Unternehmung auf andere Menschen angewendet werden, wenn man nicht versteht, was man gerade tut. Jede Führungskraft sollte sich selbst auf den Prüfstand stellen, Feedback von Menschen einfordern, die nicht in einem Hierarchieverhältnis zueinander stehen. Selbstmanagement heißt, seine eigenen mentalen Strategien zu verstehen und verändern zu können, an sich zu arbeiten, um zu verarbeiten und um anderen Vorbild sein zu können. Was macht so vielen etablierten Führungskräften hierbei Angst? Um im steten Kampf ihren Mitarbeitern keine Schwäche zu zeigen, entwickeln sie handfeste Macken. Kets de Vries hat fantastische Bücher über die Neurosen der Top-Manager geschrieben (vgl. etwa 1998). Nur schade, dass die Betroffenen sie kaum lesen und, falls doch, glauben, dass sie mit ihnen nichts zu tun hätten.

Führungskräfte in Veränderungsprozessen sind nur kompetent, wenn sie Menschen, die einem solchen Prozess unterworfen sind, theoretisch und praktisch, d. h. aus einer selbst gelebten Veränderungspraxis heraus, Rat geben können. Wie häufig erleben wir Führungskräfte, die vollmundige Erklärung über die leicht zu erlernende Methodik von Entscheidungsprozessen abgeben. Doch bei näherer Kenntnis ihres privaten Hintergrundes erweist sich diese Kompetenz als äußerst fragwürdig (vgl. etwa Bataille 1987, S. 25). Hinsichtlich der Themen, bei denen sie selbst emotional Betroffene sind, erkennt man ihre eigenen oft erschreckend wenig reflektierten Problemfelder. Führungskräfte glauben immer wieder, dass diese in ihrem professionellen Leben nicht erkennbar seien.

Die Heldentugend 4 erklärt: Ein Großteil negativer Feedbacks bei Mitarbeiterbefragungen hinsichtlich der Einschätzung von Führungskräften lässt sich auf mangelndes Selbstmanagement dieser Führungskräfte reduzieren.

5. Heldentugend: Kreative Führung

Beim Führen in Veränderungsprozessen und beim Vorangehen in die Richtung einer Vision geht es um Innovation und Neueinführung, beim Management der Administration um Reproduktion und das Verwalten des Status quo. Gute Führung ist kreativ, anpassungsfähig und beweglich. Sie hält den Blick auf den Horizont gerichtet statt auf die Zahlen unter dem Strich. Eine Führungspersönlichkeit tut das Richtige: Sie verfolgt einen Traum, einen Weg, ein Ziel.

Management hat mit Effizienz zu tun, Führen mit Effektivität. Beim Management dreht sich alles um das „Wie", beim Führen geht es um das „Wozu". Manager beschäftigen sich mit Systemen, Vorgehensweisen, Strukturen und Kontrolle. Führungskräfte sind um Menschen und um Vertrauen bemüht.

Veränderungsprozesse können nicht verwaltet, sie müssen kreativ und stabilisierend geführt werden. Wie soll eine Führungskraft auf einem ihr noch unbekannten Weg gehen und dazu noch Menschen begeistern, ihr zu folgen, ohne sich mit der eigenen Angst auseinander gesetzt zu haben, die sich auf einem solchen Weg einstellen kann? Wie können Menschen Vertrauen zu Führungspersonen entwickeln, die nur gelernt haben, bei gutem Wetter zu segeln? Gerade Führungspersönlichkeiten brauchen Anregungen, wie sie bei schlechtem Wetter neue Ideen entwickeln können. Dieser Prozess ist nie zu Ende. Selbst Führungskräfte, die kurz vor dem Ruhestand stehen, prägen mit ihren kreativen Ideen nachhaltig die Kultur der Unternehmung. Wie groß muss doch die Angst vor dem Erkennen der eigenen Persönlichkeitsstruktur sein, dass der Wert, kreative Führung an sich selbst zu fördern, so wenig angenommen wird? Es scheint mitunter so, dass je höher eine Führungskraft im Unternehmen angesiedelt ist, sie desto eher proportional ihre Kreativität einbüßt. Mit aller Kraft das Vorhandene zu bewahren schafft immer rigidere Entscheidungsstrukturen, und die verbliebene Kreativität wird in der Schönung schlechter Bilanzzahlen ausgelebt.

Insoweit ist es nur folgerichtig, dass Veränderungsprozesse in Unternehmen nicht allein an den entseelt vorgedachten Konzepten zu scheitern drohen, sondern an den Führungskräften, die an erheblichen Persönlichkeitsschwächen leiden. Angst vor neuen Wegen, Kritik an bestehenden Prozessen, sich selbst infrage stellen – das alles verhindert aktive Veränderungsprozesse. Wer sein Unternehmen beweglich und veränderungsbereit halten will, muss sich selbst fordern, das Bestehende infrage zu stellen.

Vor einiger Zeit erzählte mir E. Kappler (vgl. etwa Kappler et al. 1983) von einem Organisationsentwicklungsprozess, den er als externer Berater begleitete. Er forderte einen Unternehmer auf, seine eigene kreative Führungsqualität in seiner Firma dadurch zu überprüfen, dass er seine Mitarbeiter fragen sollte: „Wozu brauchen sie mich?“ Dieser Unternehmer hat es sich getraut und bei den Antworten entdecken müssen, dass sich sein kreatives Potenzial auf Funktionen wie, „Damit wir unser Geld bekommen!“ oder „Damit wir ein Chef haben!“ reduziert hatte.

Die darüber hinausführende Frage wäre: „Wie kann ich mich eigentlich in meiner jetzigen Funktion überflüssig machen, damit ich mich neuen kreativen Aufgaben widmen kann?“ Aber dazu kommt es in aller Regel nicht.

Die Heldentugend 5 erklärt: Führung delegiert häufig Kreativität, um für mögliche Fehler nicht verantwortlich gemacht werden zu können.

6. Heldentugend: Wille

Alle Betrachtungen zur Persönlichkeitsstruktur eines Veränderungsmanagers bei einer Organisationsentwicklung stehen in einem direkten Kontext zum menschlichen Willen. Laut Kant muss ein vernünftiger Mensch sich jederzeit als quasi gesetzgebend in einem durch die Freiheit des Willens möglichen Reich der Zwecke betrachten (Kant 1995a, S. 67). Die Freiheit des Willens kann demnach nicht subjektiv erklärt werden (ebd., S. 97). Um dies zu tun, müssten wir in das Bewusstsein des handelnden Subjektes hineinspringen können, d. h., wir müssten die Realität begreifen und nicht nur die Wirklichkeit erfahren. Solange der freie Wille eine Autorität braucht, die ihm sagt, was richtig und was falsch ist, bleibt dieser freie Wille deterministisch.

Der menschliche Wille stellt für das Ausführen von Aufträgen und das Treffen von Entscheidungen die entscheidende Größe dar. Ohne ihn ist weder eine Zielerreichung noch ein Wandel von Systemen möglich. Im Management gibt es oft nur den Wunsch, etwas zu verändern, jedoch nicht den Willen, es zu tun (Faber 1993, S. 133). Das Problem des menschlichen Willens ist hierbei, dass Freiheit nicht nur für das Handeln erforderlich ist, sondern auch für das Umdenken oder das Nichthandeln (Jünger 1959, S. 251).

Treffen unterschiedliche Willen aufeinander, insbesondere Wille und Antiwille, so können die Wirkungen des Handelns durch das Auftreten von Reibungsverlusten sehr schnell verpuffen und strukturveränderndes Handeln behindern. Zwar ist die Vernetzung eine notwendige Bedingung für ein kommunikatives Ordnungsmuster, sie allein reicht jedoch nicht aus, um Reibungsverluste zu vermeiden.

„Zu einem wichtigen Entschluß gehört in der Strategie viel mehr Stärke des Willens als in der Taktik" (vgl. Clausewitz 1973, S. 181). Zweckgerichtetes Handeln bildet sich aufgrund des Willens, Ordnung zu gestalten und diese durch Lenkung aufrechtzuerhalten (Ulrich 1991, S. 74 ff.).

Um ernsthaft das Neue herbeizuführen, ist ein starker Wille nötig. Er muss stärker sein als der Wille desjenigen, der es verhindern will. Nur wenn der Wille zum Neuen sich gegenüber dem Alten durchsetzt, können Innovationen von Erfolg begleitet sein. Nur eine große Willenskraft, die sich als Ausdauer zeigt, kann zum Ziel führen (Clausewitz 1973, S. 95). Der Wille ist deshalb eine Art Quelle, Energie, subjektive Ressource von Akteuren, die ein gesetztes Ziel durch Handeln verwirklichen wollen. Der Wille hängt stark von der Relevanz der Problemlösung ab. Diese wiederum wird von der Wahrnehmung von Differenzen, Anpassungsstrategien und der Kommunikation mit der Umwelt bestimmt.

Wandlungsprozesse werden zunehmend durch Kommunikation und Wissen gesteuert, wobei es jedoch auf den Willen der Teilnehmer ankommt, ob Phasenübergänge zu neuen Strukturen und Prozessen vollzogen werden. Nur durch den Willen ist es möglich, die Energien zu bündeln, die für die Prozesse des Wandels in kohärenter Weise zusammenkommen müssen. Der Wille ist nicht gleichzusetzen mit einer Aktivität, die zum Ziel führt, sondern er ist der permanente Antrieb für Aktivitäten, weshalb man ihn auch als Katalysator für den Wandel bezeichnen kann. Willentliches Handeln ist nicht zufällig, sondern frei und zielorientiert (Schopenhauer 1859, S. 179). Ein Willensakt schafft vor allem den Übergang zu neuen Zuständen (Roth 1995, S. 289).

Führungskräfte, die Organisationsentwicklung betreiben, müssen ihren eigenen Willen und den der Teilnehmer antreiben. Die Willensdurchsetzung ist deshalb notwendiger und unverzichtbarer Bestandteil des Managements (Bleicher 1996, S. 320).

Retrospektiv werden große Reden geschwungen: „Nur der starke Wille hat den Erfolg gebracht!" Von daher muss befürchtet werden, dass eine Tages ein Lehrling seinen Meister fragen wird, wie und wo er die Sache mit dem Willen erlernen könne. Dann schnappt die Falle zu, denn die meisten Manager vertrauen eigentlich nur denjenigen Daten, die ihnen gegenwartsbezogen im Rahmen eines Controllings vorgelegt werden. Die Analysten sind willensstark, wenn sie auf ihrer Interpretation der Zahlen beharren. Aber welcher Manager kann so viel Visionskraft erzeugen, dass er der Zahlenmacht dieser Abrechnungssysteme andere unternehmerische Ideen und Pläne entgegenhalten kann? Der freie Wille bei der Entscheidungsfindung wird immer mehr durch Planzahlen oder den Shareholder-Value herausgefordert.

Heldentugend 6 erklärt: Solange der Wunsch nach Antizipation vollständiger Information zur Folge hat, dass Planspiele wahrer sind als das, was in der Welt wahrgenommen wird, wird der Wille zur Überwindung von Schwierigkeiten eine Tugend bleiben, die in keinem Handbuch „zur ordentlichen Durchführung einer Veränderungsmaßnahme" nachzulesen ist.

7. Heldentugend: Gezielter Einsatz von Macht

Eine Managementlehre der Organisationsentwicklung, welche Phänomene der Machtausübung nicht berücksichtigt, entbehrt jeglichen praktischen Bezugs, da alle Organisationen mithilfe von Macht geführt werden. Als Macht gilt, im Sinne Max Webers, den eigenen Willen auch gegen den Widerstand anderer durchzusetzen (Schneck 1998, S. 392) oder, wie Probst (1993a, S. 198) es ausdrückt, einen Teilnehmer oder ein Team dazu zu bringen, einen bestimmten Bezugsrahmen als entscheidungs-, handlungs- und bewertungsrelevant zu akzeptieren.

Entsprechend bedeutet organisatorische Macht, andere mit spezifischen ökonomischen Mitteln zur Nachgiebigkeit gegenüber dem eigenen Willen zu veranlassen. Macht ist eine Kraft, welche die Überwindung großer Hindernisse ermöglichen kann (Kant 1995b, S. 184). Sie hat die Fähigkeit, Veränderungen gezielt herbeizuführen oder auch einen Zustand zu bewahren. Wichtig bei der Macht ist, zwischen einer abstrakten Dimension der Macht (Potenzial) und der konkreten Dimension von Macht (Herrschaft) zu differenzieren.

Während organisatorische Macht das abstrakte Potenzial darstellt, bedeutet Management das konkrete Ausüben von Macht (Herrschaft) und die Verantwortung dafür zu übernehmen.

Dennoch hat niemand Macht an sich. Es bedarf immer derjenigen, die jemandem Macht geben. Deshalb liegen Macht und Verantwortung sehr eng zusammen. Die Macht von Führungskräften besteht zum Ersten darin, den Spielraum für das selbstständige, innengesteuerte Handeln ihrer Mitarbeiter oder der ihnen unterstellten Organisationseinheiten zu erweitern oder einzuengen. Zum Zweiten können sie Einfluss auf die dem jeweiligen Verhalten zugeschriebene Bedeutung nehmen. Die am meisten verbreiteten Machtmittel sind Gewalt, Geld und Information. Machtmittel erschöpfen sich. Führungskräfte, die diesen Umstand nicht reflektieren, fordern den Widerstand derjenigen heraus, die schweigend dulden. Machtmissbrauch zeigt sich in der Eskalation, indem die Kräfte, um Wirkung zu erzielen, immer mehr zunehmen.

Grob skizziert, lässt sich Macht folgendermaßen verwenden:

- Führungskräfte haben die Gewalt, Mitarbeiter oder Organisationseinheiten firmenintern zum Einsatz zu bringen oder diesen Einsatz zu beenden.
- Sie können die Lebensbedingungen ihrer Mitarbeiter positiv oder negativ beeinflussen, indem sie ihnen durch die Zahlung von mehr oder weniger Geld Optionen eröffnen oder verschließen, und sie können
- ihre Informationen darüber, was Organisation und Menschen brauchen, nutzen, um zumindest mit einer gewissen Wahrscheinlichkeit ihr Verhalten zu steuern. Ein System kann nur überleben, wenn es über die entsprechenden Informationen der Umwelt verfügt, auf die es sich einzustellen hat.

„Gibt es denn keine psychologischen Tricks, um Macht auszuüben?" Oder „Man kann doch Menschen manipulieren!" Diese und ähnliche Bemerkungen begegnen uns häufig in der Praxis. Wie später noch ausgeführt wird, konstruiert jeder Mensch eine eigene Welt von Wahrnehmungen, Interpretationen und Bewertungen. Diese Welt ist einmalig und in ihrer selbst erschaffenen Komplexität anderen nicht erklärbar, auch wenn die Menschen ein Leben lang nichts anderes versuchen, als sie anderen verständlich zu machen. Diese Welt ist in sich geschlossen. Der einzige Weg, auf sie Einfluss nehmen zu können, ist, die Rahmenbedingungen zu verändern, unter denen die subjektive Wahrnehmung, Interpretation und Bewertung stattfindet.

Insofern bezieht sich die Macht immer auf die Erweiterung oder Einengung des Kontextes derjenigen, über die sie ausgeübt werden soll. Wir müssen deshalb weniger die Macht von Führungskräften fürchten als vielmehr ihre Inkompetenz (Galbraith 1965, S. 85 f.). Von daher ist ein verantwortungsvoller Umgang mit Macht notwendig, um Veränderungen zur Behebung von Missständen durchzusetzen. Wenngleich es auch nur die Kontexte sind, auf die Einfluss ausgeübt werden kann, so sind auch solche Eingriffe für das Klima einer Veränderung maßgebend.

Jedes Vorhaben, das eine bessere oder gerechtere Welt wünscht, muss sich deshalb mit dem Machtproblem auseinander setzen. Diejenigen, die Veränderungen herbeiführen wollen, müssen mit Geheimnissen, Intrigen und taktischem Geplänkel von Bewahrern rechnen. Zur Macht gehören immer solche, die Machtansprüche zu haben glauben, aber auch solche, die sich diesen Machtansprüchen unterwerfen sollen. Der gesetzliche Rahmen der Zusammenarbeit in Unternehmen besagt, dass jeder durch den Arbeitsvertrag, den er mit einer Unternehmung schließt, sich unter das Anweisungsrecht eines Vorgesetzten oder einer Hierarchie stellen muss. Derjenige, der in der Lage ist, einem anderen gemäß diesem Vertragsverhältnis eine Anweisung zu erteilen, muss wissen, dass er nur den Rollenträger einer Funktion steuert, den Menschen selbst damit aber noch lange nicht dirigiert.

Wenn Manager durch intelligente Nutzung moderner Technologien immer mehr Macht dadurch ausüben können, dass sie Kontexte erweitern oder einengen, so müssen wir uns die Freiheit nehmen, diese zu hinterfragen und sie gegebenenfalls emanzipatorisch in verantwortungsvollere Hände zu übergeben. Es sollte zur Fairness in der Ökonomie gehören, dass es keine höhere Macht als das einzigartige individuelle Selbst gibt (Fromm 1980, S. 191), das in freier Selbstbestimmung denen die Macht gibt, die das Vertrauen verdienen. In dieser Frage haben die Führungsetagen noch viel Arbeit vor sich. Das gehätschelte Kind „Technologie" ist für viele Manager Mittel zum Zweck geworden. Mit ihr begründet sich eine Eigendynamik, die das Leben in Unternehmen darstellt, als formuliere es selbst die Ziele und legitimiere die Macht derjenigen, die sie umsetzen.

Heldentugend 7 erklärt: Veränderungsprozesse müssen einhergehen mit einem feinen Gespür für Machtausübung und Machtmittel derjenigen, die am Prozess beteiligt sind. Macht ist in Organisationen nicht wegzudenken, und es gilt auch nicht, sie abzuschaffen, aber wir müssen nach ihrer Legitimation fragen.

8. Heldentugend: Vertrauen schaffen

Kein ökonomischer Alltag kommt ohne den expliziten Verweis auf den Begriff Vertrauen aus: „Die Mitarbeiter müssen Ihnen vertrauen!", „Vertrauen Sie auf die Entscheidungen des Managements!", „Liefergarantie ist eine Frage des Vertrauens!"

Vertrauen ist für alle Mitarbeiter im Unternehmen – und ganz besonders, während Veränderungen stattfinden – überaus wichtig, und der wichtigste Aspekt von Vertrauen ist Verlässlichkeit. Wenn ich mit Vorstandsmitgliedern, Führungskräften und Angestellten spreche, bekomme ich immer wieder Formulierungen zu hören wie: „Er ist geradeheraus", „... eine in sich geschlossene Persönlichkeit", „Ob man ihn nun mag oder nicht, man weiß immer, warum er etwas tut und wofür er steht".

Vertrauen entsteht, wenn man tut, was man sagt. In jeder Führungsaufgabe gibt es Situationen, in denen ein innerer Zweifel an der Machbarkeit bestimmter Aufgaben aufkommt. Allerdings muss damit niemals der Sinn der Aufgabe infrage gestellt werden. Dies wird häufig übersehen. Wenn die Führungskraft ihre innere Zerrissenheit zwischen Sinnhaftigkeit und Machbarkeit angesichts einer komplexen Aufgabe zeigt, offenbart sie, wie sehr sie sich selbst verloren hat (Gruen 1992a, S. 47 ff.). Oben haben wir schon ausgeführt, dass die Sinnhaftigkeit dessen, was die Unternehmung tut, „geklärt" sein muss, sonst stürzt die Frage „Wozu Veränderung?" ein solches Vorhaben in eine Krise. Von einer Führungskraft muss verlangt werden, dass sie die Sinnhaftigkeit ihres Tuns geklärt hat, bevor sie die Unternehmung morgens betritt. Nur so kann sie in einer inneren Balanciertheit Vertrauen erwecken.

Mit dem Hinweis auf ihre Professionalität zerstreuen Führungskräfte die Zweifel darüber, ob sie das Vertrauen ihrer Mitarbeiter genießen. Jeder Mitarbeiter kenne seine Aufgaben und Ziele, und das sei die Basis, auf der Vertrauen hergestellt werde. „Wir müssen uns nicht vertrauen, wir brauchen verlässliche Zielvereinbarungen, die mit Heller und Pfennig abgerechnet werden. Wer sich an diese Spielregel nicht hält, hat hier nichts zu suchen. Deshalb brauche ich gar nicht lange so wunderbare Werte wie Vertrauen zu proklamieren." Diese Worte aus dem Munde eines deutschen Top-Managers sollten aufhorchen lassen. Sie machen auch deutlich, warum Führungskräfte mitunter gar nicht den Hinweis auf mangelndes Vertrauen verstehen. Sie erkennen nicht, dass ihr eigener Auftritt, ihre eigene Inkongruenz, ihre Unklarheit und innere Nichtausgerichtetheit für Mitarbeiter im Unternehmen der eigentliche Maßstab sind, an dem sie ihr Misstrauen festmachen.

Letztendlich können Wille und Verantwortung nur dann erfolgreich zur Problembewältigung bei Hemmnissen zur Umgestaltung der Unternehmung führen, wenn sie von einem Vertrauen der Mitarbeiter in die Entscheidungsträger und umgekehrt gekennzeichnet sind. Verantwortung zu übernehmen, ohne Vertrauen in die Fähigkeiten aller am Prozess beteiligten Personen zu haben, ist nicht möglich, da die Komplexität der Systeme eine Vielzahl von unterschiedlichen Entscheidungsfunktionen erfordert. Durch Vertrauen, das Delegieren von Aufgaben fördert und somit das eigene Handlungspotenzial erweitert, wird die Zeit gewonnen, die notwendig ist, um neue, komplexe Strukturen aufzubauen.

Vertrauen in maschinisierte Prozesse und Programme zu entwickeln ist nicht unproblematisch, da die Risiken der Technologien nicht mehr infrage gestellt werden. Letztendlich können wir neuen Technologien nur dann vertrauen, wenn wir die Risiken ausreichend abgeschätzt haben. Wenn Vertrauen nur da möglich ist, wo Wahrheit möglich ist (Luhmann 2000, S. 56), so kommt es darauf an, die bestmöglichen Bedingungen dafür zu schaffen, die uns Zugänge zur Gewissheit ermöglichen.

Heldentugend 8 erklärt: Versuche unermüdlich, deine mentalen Strategien anhand deiner Verhaltenswerte im Bezug zu allen anderen um dich herum aufzudecken und zu erklären; und bei deinem Verhalten gerade in einer Zeit, in der elektronische Medien zunehmend unser Denken beeinflussen und der persönliche Kontakt reduziert ist, wird es darauf ankommen, dein Inneres mit deinen Verhaltensweisen verständlich zu machen. So entsteht Vertrauen.

9. Heldentugend: Infragestellen alter Muster

Um für Neues offen zu sein, um neue Ideen zu entwickeln, brauchen wir den Vorgang der Leere, des Nichtstuns – Krishnamurti (1979,

S. 46 ff.) nennt dies „Entlernen" –, der zur Entfaltung von Kreativität und zu neuem Wissen führt (Krishnamurti 1992 S. 212). Weiterentwicklung besteht im Wesentlichen aus der Fähigkeit zum Verlernen von alten Mustern. Dies ist eine Fähigkeit, die wenige Manager beherrschen und die durch unser heutiges Bildungssystem nicht vermittelt wird (Malik 1993, S. 206). Die Notwendigkeit des ständigen Verlernens erzeugt bei vielen Menschen Angst mit der Folge, dass sie in Verteidigungsposition gehen, interne Politik betreiben, Arbeitskollegen gegeneinander ausspielen und sie sogar mobben. Es bedeutet einen großen Luxus, in Unternehmen tätig zu sein, die sich Positionen, Teams oder Projektgruppen leisten, deren Aufgaben bereits erfüllt und in routiniertes Handeln übergegangen sind. Diejenigen, die diese Prozesse besetzen, halten in der Regel jedoch an der Fortführung ihres einmal geschaffenen Musters an Bearbeitung fest und ergänzen es zu einem perfekten Handlungsprogramm. Das notwendige ständige Infragestellen von Prozessen oder die Vorstellung, sich selbst überflüssig zu machen, um innovative Ideen für die Unternehmung zu kreieren, verkehrt sich zu Absicherungsstrategien und Joberhalt auf Kosten einer dynamischen Unternehmensentwicklung. Wenn wir so denken, ist der Einsatz von Ressourcen, wenn er nur dem eigenen bornierten Statuserhalt dient, die eigentliche ökologische Katastrophe.

Nur das bewusste Infragestellen der erlernten Muster erlaubt es, die Lernfähigkeit wieder zu erhöhen (Gomez 1995, S. 193), da hierbei neue Freiräume und Vielfalten geschaffen werden. Ständig Altes zu renovieren, Neues dazuzulernen und nach besseren Lösungen zu suchen sollte deshalb wesentliches Attribut moderner Unternehmensführung sein. Dies ist jedoch nicht mit dem Löschen von Daten im Computer gleichzusetzen, vielmehr bedeutet es das Schaffen neuer Bedeutungen. In Systemen fern von Gleichgewicht ist ständiges Infragestellen der eigenen Muster die Grundvoraussetzung zur Schaffung neuer Strukturen und zur Sicherung der Überlebensfähigkeit. Entlernen bedeutet deshalb auch eine Akzeptanz von Chaos und Ungleichgewicht, da ein im Gleichgewicht befindliches System im Grunde kaum neues Wissen zur Beschreibung seines Zustands benötigt.

Junge Menschen glauben, ihr Leben werde noch lange dauern, alte Mensche glauben, ihr Leben werde bald zu Ende gehen. Doch wir können nicht wissen, wie lang unser Leben tatsächlich sein wird. Deshalb müssen wir lernen, das zu schätzen, was wir haben, solange wir es haben, und uns häufiger fragen, weshalb wir den Dingen Bedeutungen beimessen, die uns limitieren, statt uns zu erweitern.

Wenn wir uns Sorgen darüber machen, dass unser Betriebsergebnis zu gering oder unsere Kosten zu hoch sind, können wir innerhalb eines solchen Rahmens auch nur Phänomene entdecken, die dazu passen. Mitunter können wir aber auch entdecken, dass das ständige Infragestellen, die Angst um die Zukunft, die Sorge darum, das „Richtige" zu tun, einem eigenen Denkmuster entspricht und nicht in der Sache selbst begründet ist. Führen lange und kritische Prüfungen unserer Gedanken immer dazu, die Qualität von Ergebnissen zu verbessern?

Die Heldentugend 9 erklärt: Solange wir leben, sollten wir uns dann und wann an dem Geschenk unsere Lebens erfreuen und uns unserer Vergänglichkeit bewusst werden. Wir halten dann weniger beharrlich an der scheinbaren Wahrheit unserer Bedeutungszuweisungen, Interpretationen und Bewertungen fest (Tulku 2000, S. 19).

10. Heldentugend: Lernen

Veränderungsprozesse in einem Unternehmen setzten die Bereitschaft voraus, etwas Neues lernen zu wollen. Lernen ist ein Prozess der Selbstsuche, Selbstentdeckung und Selbstfindung. Wir können nur lernen, wenn wir einen Sinnbezug herstellen. Zwar ist Lernen mitunter mit einem Lustverzicht verbunden, jedoch geschieht dies in Erwartung eines späteren Lustgewinns, wenn das erworbene Wissen angewendet werden kann. Lernen erfolgt durch selbst gemachte primäre Erfahrungen, die neue Bedeutungen erzeugen. Lernen ist kein Sammeln von Fakten, sondern vor allem das selbstständige Erzeugen von Differenzen, welches durch Selbstorganisation stattfindet. Lernen bedeutet deshalb nicht, immer mehr Wissen zu akkumulieren, sondern sich selbst zu erkennen (Krishnamurti 1995, S. 53 f.). Lernen ohne eigenes Nachdenken führt zum Nichtwissen (Konfuzius 1987, S. 80).

Unser Lernen wird stark von unserer Kognition beeinflusst, d. h., es hängt stark von der jeweiligen Betrachtungsperspektive ab, ob wir etwas als komplex, als zufällig oder als deterministisch einstufen. Unser jeweiliger Stand der Selbstbewusstheit als System in Auseinandersetzung mit dem System und umgekehrt beeinflusst unsere Mustererkennung und unser Lernen. Nach Lorenz gilt das Prinzip

„Leben ist lernen", wobei er die Evolution als Erkenntnis gewinnenden Prozess ansieht (Wiedmann et al. 1999, S. 188). Wir lernen sowohl durch Erfolg als auch durch Misserfolg. Zum Lernen gehört auch, dass Fehler gemacht werden. Aus diesen lernen wir meistens mehr als von den Dingen, die wir richtig getan haben. Ohne die Fehler, die der Einzelne macht, ist kein Lernen von sozialen Systemen als ganzen möglich. Nur wenn Menschen aus gemachten Fehlern lernen, kann ein System eine neue Entwicklungsstufe erreichen.

Jack Welsh, dem ehemaligen CEO (Chief Executive Officer) von General Electric, wird die folgende Geschichte zugeschrieben: Ein Mitarbeiter betritt mit gesenktem Haupt sein Büro, um zu gestehen, dass er ein großes Projekt mit sehr viel Geld in den Sand gesetzt habe. Er bietet seine eigene Entlassung an. Doch Welsh entgegnet dem Mitarbeiter sinngemäß, dass er diesen Verlust als Investition in ihn verstehe, weil er einen ähnlichen Fehler nicht mehr wiederholen werde.

Lernen ist ein nichtlineares Phänomen und kann mit linearen Ansätzen nicht erklärt werden. Die nichtlineare Dynamik ist notwendig, um Lernen und Entlernen zu ermöglichen und somit neue Verschaltungen und damit verbundene Muster im menschlichen Gehirn zu bilden. Nur kreatives Lernen, d. h. das Lernen von Unwahrscheinlichem, führt zu außergewöhnlichen Erfolgen (Popper 1988, S. 27). Lernen ist die wesentliche Voraussetzung, um Wandel durch Innovation herbeizuführen. Es geht vor allem um das „Lernen", das „Lernen, wie man lernt" und um die Kunst der „kontinuierlichen Verbesserung der Lernprozesse".

Bateson (1972, S. 378 f.) unterscheidet hierbei fünf Stufen (von Stufe 0 bis Stufe 4) des Lernens:

Lernen 0: keine Berücksichtigung durch Versuch und Irrtum
Lernen 1: Zurücknahme der Wahl aus einer Menge von Alternativen
Lernen 2: Revision der zugrunde liegenden Menge
Lernen 3: korrigierende Veränderung in einem System von Mengen
Lernen 4: höchste Stufe, Veränderung von Lernen 3.

Der Mensch hat hiernach die Fähigkeit zum Erlernen des Lernens. Ob der Mensch zur Stufe 4 des Lernens, d. h. einer Metaebene der

Stufe 3, fähig sein wird, hängt ganz entscheidend davon ab, wie er in der Lage ist, Distanz zu seinem eigenen Handeln aufzubauen. Nur aus der Rolle des Beobachtens dessen heraus, wie er lernt, wird es ihm möglich sein, Veränderungen am System vornehmen zu können. Wir vertiefen diesen Punkt in Teil III. im Zusammenhang mit „Feedback".

Die Heldentugend 10 erklärt: Eine der wichtigsten Aufgaben in einem Organisationsentwicklungsprozess ist es, jene Lernstufe zu erreichen, durch die ein organisiertes Vorgehen in einem Prozess möglich wird, der fortwährend die eigene Handlung reflektiert und Aufsicht auf das nimmt, was gerade geschieht.

Entmythologisierung der Heldentugenden

Die Veränderer müssen ihre mentalen Modelle verstehen

Bis hierhin liest sich die Beschreibung der Tugenden wie die zehn Gebote oder eine Anleitung zum Glücklichsein. Die Managementliteratur ist voll von solchen heroischen Besserwissereien, die die Grundlage für Mythen und Sagen sind. Wie schon früher erwähnt, findet die Managementtheorie keinen Weg, den Einfluss des Beobachters auf das Beobachtungsfeld darzustellen. Diejenigen, die Management theoretisch erlernen, haben deshalb nur vage Geschichten, eben Tugenden, die ihnen erzählt werden, um sich daran auszurichten.

Wir wollen versuchen, nicht die Heldentugenden erlernbar zu machen – der Glaube der Übertragbarkeit von Verhaltensweisen von bestimmten Menschen in bestimmten Situationen auf andere trügt bewiesenermaßen –, sondern auf die mentalen Strategien hinzuweisen, die für Menschen, die Veränderung begleiten, wichtig sein können.

Zunächst gilt es, sich bewusst zu machen, dass jeder Mensch im Laufe seines Lebens Denkmuster entwickelt hat, mit denen er gewohnt ist, Dinge zu betrachten, sie zu interpretieren und als nützlich, passend oder uninteressant und wirkungslos einzustufen (Gruen 1992b, S. 53 ff.). Die Entdeckung eigener Denk- und Handlungsstile zu initiieren ist ein ungewöhnlicher Prozess und setzt die Bereitschaft voraus, sich mit sich selbst beschäftigen zu wollen. In unseren Kursen zur Organisationsentwicklung stellen wir immer fest, dass es für viele Teilnehmer große Mühe macht, vom theoretischen Verständnis mentaler Modelle zum praktischen Anwenden und Üben bei sich selbst zu gelangen. Die Teilnehmer suchen Checklisten und Kochrezepte, die ohne eigenes Nachdenken schnell umsetzbar sind. Nach vielen Jahren, die ich mit Organisationsentwicklungsprozessen verbracht habe, bleibt die simple Erkenntnis, dass Veränderungsprozesse erfolgreich sind, wenn sie von Menschen begleitet wurden, die eine Sensibilität für Veränderung aus eigenen Erfahrungen nutzen, um sich in den kritischen Momenten des eigenen Einflusses auf die Lösungsmöglichkeiten bewusst zu sein. Dadurch entsteht die Basis für eine Mitverantwortung für das neu Entstehende.

Der Ruf nach einem solchen „Veränderer" wird dann lauter, wenn die Entwicklungen immer weniger vorhersehbar werden und die Angst vor zukünftigem Schaden zunimmt. Ihm wird die Aufgabe zugeschrieben, eine Vision zu liefern und beispielhaft voranzugehen. Um die Natur dieser Herausforderung, auf die sich auch die anderen einlassen müssen, besser verstehen zu können, muss der Veränderer aber erst selbst verstehen und erklären, wie seine Welt – im Unterschied zu anderen Welten – aussieht, wie er sie interpretiert und bewertet. Er muss sich seines prägenden Einflusses bewusst werden. Außerdem muss er deutlich machen, dass sein Konzept zur Veränderung etwas Einmaliges ist, etwas, das für diese Unternehmung, für diesen Markt und für diese Menschen der Auslöser für neue Impulse ist.

Der Manager unserer Zeit lebt in einer Welt, in der die Ressourcen knapper und Veränderungen in der Technologie, der politischen Lage und hinsichtlich der Grenzen des Marktes häufiger geworden sind. Ein Großteil des Drucks entsteht aufgrund der wachsenden Verflechtungen innerhalb der Weltwirtschaft. Dies verstärkt die Unsicherheiten im eigenen Umfeld. Im Zeitalter der globalen Vernetzung sind jederzeit alle miteinander in Kontakt. So ist die Annahme, auf einer linearen Fortsetzung eingeleiteter Maßnahmen ein wenig verschnaufen zu können, Geschichte von gestern.

Ein weiterer Faktor kommt hinzu: Viele Organisationen, die weltweit wettbewerbsfähiger werden wollen, sind gezwungen, Prozesse zu beschleunigen, Kosten zu reduzieren und den Return im Investment zu erhöhen. Dabei verfallen viele Veränderungsstrategien zunächst in das Muster, im Unternehmen nach Menschen zu suchen, die man einsparen kann. Das ist eines der schwierigsten Veränderungsprobleme, mit denen ein Veränderungsmanager zu kämpfen hat, weil dadurch oft Spannungen in Bezug auf Gleichheit und

Gerechtigkeit auftauchen, die in Zeiten des Wachstums gar nicht bemerkt werden. Wenn die geschaffene Einsparung jedoch nicht dafür genutzt wird, neue, innovative Arbeitsplätze zu schaffen oder zumindest in Aussicht zu stellen, dann wird Rationalisierung zur Einbahnstraße. Auf dem Veränderungsmanager lastet die Qual der Wahl, wie er die vorgefundene Situation analysiert, interpretiert und bewertet, um mit geeigneten Interventionen den Wandel zu initiieren.

Täglich erleben unsere Organisationen die Herausforderungen dieses Umfeldes. Wir können deshalb erwarten, dass das Drama einer Organisationsumgestaltung eine Abenteuergeschichte ist, innerhalb deren der erwählte Veränderungsmanager den Drachen tötet, der die Bewohner des Königsreiches bedroht, und bis zum Ende seiner Tage ein gefeierter Held bleibt. Dies ist jedoch nur *eine* mögliche Sicht. Der andere bedeutende Teil dieser Geschichte ist ein psychologisches Drama, zu dem der Wille der Bewohner gehört, das alte Königreich im gemeinsamen Kampf zu beschützen, anstatt sich angesichts der Bedrohung hinter Kriegern zu verstecken, die auserkoren wurden, gegen die Bestie anzukämpfen.

Die Arbeit des Veränderungsmanagers beginnt insoweit mit der Kunst, die vorgefundene Situation so zu interpretieren und zu bewerten, dass die angestrebte Veränderung auch zum System passt. Nur wer dies beachtet, wird die Zustimmung der Betroffenen erhalten und sie motivieren können. Um bei der Metapher des Drachen zu bleiben: Es stellt sich die Frage, ob die Bewohner des Königreichs so viel an eigener Kraft entwickeln können, dass der Drache freiwillig abzieht. Diese Fertigkeit entwickelt sich normalerweise als intuitiver Prozess, wenn die richtige Passung zwischen Mut und Motivation erreicht ist.

Viele erfolgreiche Veränderungsmanager umgibt die Aura des „genialen" Problemlösers, der die Fähigkeit besitzt, spontan zu entscheiden und die Menschen auf geheimnisvolle Weise zu beeinflussen.

Bei näherer Betrachtung erweisen sich diese intuitiven Fähigkeiten jedoch als fundiertes methodisches Wissen. Zunächst vergleichen sie verschiedene erlebte Szenarien. Darüber hinaus besitzen sie die Fähigkeit, offen und flexibel zu bleiben und mit einer abschließenden Bewertung möglichst lange zu warten. Dabei wechseln sie häufig die Perspektiven, suchen nach der Motivation für die vorgefundene Situation. Mittels genauer Differenzierung bemühen sie sich, die Zahl der Lösungsmöglichkeiten zu erhöhen. Die Entstehung von Mythen und Legenden lässt sich im gleichen Maße verhindern, wie es der Führungskraft gelingt, die eigenen internalen Prozesse zu offenbaren. Damit ist allerdings nicht die Art von Managern gemeint, die sich als Sanierer einen Namen gemacht haben. Man kann eine Unternehmung gnadenlos reformieren, umbauen, Teile verkaufen, andere hinzukaufen und so ein neues Gebilde schaffen. Das künstliche Ineinanderstecken von kapitalgetriebenen Interessen schafft jedoch keine dynamischen Unternehmenseinheiten.

In meiner langjährigen Praxis habe ich aber nicht einen einzigen Fall erlebt, in dem diese neu entstandenen Gebilde den Menschen eine Identität boten, unter der sie sich motivieren ließen, eine gemeinsame Zukunft zu entwickeln. Die Kohäsion dieser Systeme ist in aller Regel so schwach, dass sie bei der kleinsten Krise enorme Mengen an Ressourcen brauchen, um in der Spur zu bleiben. Die mentalen Modelle solcher Sanierer folgen einer Logik der Rationalität, die die Kapitaleigner nicht infrage stellen.

Organisationsentwicklung ist anders:

Wer Veränderung organisiert, braucht die Fähigkeit und Bereitschaft, sich selbst zu hinterfragen und kritisch zu prüfen, wie er zu seinen eigenen mentalen Modellen kommt. Er muss verstehen, wie er seine Wirklichkeit konstruiert und welchen Strategien er folgt. Nur wer dies leistet, kann sich einer kritischen Diskussion stellen, ohne in Zweifel über seine Vorhaben zu gelangen. Nur auf dieser Basis lässt sich Transparenz schaffen bezüglich verborgener Ziele und Absichten. Denn anders als bei Sanierungskonzepten soll hier eine Unternehmung entwickelt werden. Das impliziert, dass alle Beteiligten an einem solchen Prozess gemeinsam neue Wege des Wandels suchen. Dies setzt jedoch auch voraus, Einstellungen bei sich selbst zu entwickeln, die fernab aller schnellen Veränderungskonzepte liegen.

Die Haltung eines Lernenden einnehmen

Die Haltung eines Lernenden einzunehmen ist die größte Herausforderung an den Veränderungsmanager, denn es bedeutet, sich im Status zurückzunehmen und Schüler zu werden (Johnstone 1998).

Der Kampf um den Status ist jedoch einer der wichtigsten in unserem Leben und stellt eine ständige Behinderung bei Lernprozessen dar. Ein Unternehmen ist eine fantastische Bühne für Statusspiele. In Begegnungen auf dem Flur, auf Sitzungen, in der Kantine, aber auch beim Sport, überall gestaltet sich die Kommunikation als Ausdruck von Status: Wer ist höher, wer ist niedriger? Der Blick, die Körperhaltung, die Sprache, die Kleidung drücken Status aus.

Auch an Körperbewegungen und -haltungen lässt sich Status erkennen. Bei Konferenzen kann man z. B. beobachten, wie Menschen versuchen, sich „neutral" zu verhalten. Sie verschränken ihre Arme oder pressen sie eng an den Körper, als wollten sie sagen: „Seht! Ich beanspruche nicht einen Millimeter mehr Raum, als mir zusteht", und zugleich halten sie sich kerzengerade auf ihren Stühlen, als wollten sie auch ja zeigen, dass sie nicht unterwürfig sind. Einige sitzen ganz lässig (Hochstatus), um zu zeigen, dass sie das ganze Geschehen nicht tangiert. Andere halten beim Sprechen die Hand vor den Mund (Tiefstatus).

Status ist immer präsent, und man muss lernen, ihn auf eine Weise einzusetzen, dass eine Situation den gewünschten Effekt erzielt. In dem Umfang, wie der Einzelne sich seines Status bewusst ist, kann er die Kommunikation mit anderen gestalten. Sobald der Einzelne bereit und in der Lage ist, unter den Status des anderen zu gehen, wenn er bei einer Frage wirklich etwas von ihm lernen will, wird er Erstaunliches entdecken.

Wenn jemand in einem Gespräch Fragen stellt, sollte er lernen, sich in den Tiefstatus zu begeben, d. h., die Haltung eines Lernenden einzunehmen, um entsprechende Kommunikationstechniken anwenden zu können. Wenn die Frage eine ehrliche Erkundung beabsichtigt, ist sie frei von Annahmen oder Hypothesen. Die beabsichtigen nämlich meist nur, das Handeln des Gegenübers kritisch zu beleuchten oder ihm sogar Unfähigkeit nachzuweisen.

Wie lernt man, seinen eigenen Status zu verstehen? In unseren Ausbildungen spielen wir häufig das Spiel „Herr und Knecht". Der Herr sitz da und spielt „Hochstatus". Dazu muss er denken: Ich bin besser, ich bin intelligenter, ich bin derjenige, der über dein Schicksal entscheidet. Ein Vorgesetzter spielt sich vielleicht so, wie er es schon immer einmal ungehemmt machen wollte. Der andere spielt seinen Diener. Als guter Diener hat er in dieser Rolle zu erahnen, was der

Herr möchte. Ein Untergebener, der nur auf Anweisungen handelt, gefällt einem Herrn nicht. Das ist ihm viel zu lästig.

Kurzum, das improvisierte Spiel kann beginnen. Es gibt allerdings eine entscheidende Regel: Ist dem Herrn das Spiel des Dieners zu schleimig, zu aufmüpfig oder zu devot, zeigt er mit dem Daumen nach unten, der Diener „stirbt", und ein anderer Teilnehmer kann sich als Diener versuchen. Interessant ist, dass es kaum Spielfrequenzen gibt, die länger als 5 Minuten dauern. Spätestens dann zeigt sich der Diener als nicht geeignet. Er kann sich nicht länger im Tiefstatus halten.

Anlass zum Nachdenken gibt dieses Spiel in vielerlei Hinsicht. Die Haltung, bei der wir einem anderen zu Diensten sind, ist für uns im Grunde nicht akzeptabel. Ein Sprichwort sagt: „Wissen ist Macht." Wer will da wieder auf der Schulbank sitzen? Häufig erlebe ich Kursteilnehmer, die vorgeben, Fragen zu stellen, letztlich aber nur anhand von Statements sich selbst, der Gruppe und mir zeigen wollen, was sie alles wissen. Auf diese Weise versuchen sie, ihren Status zu heben. Ein solches mentales Konzept macht es uns ungeheuer schwer, in die Rolle eines Lernenden zu gelangen.

Es ist immer amüsant, Hochstatusspezialisten wie Führungspersönlichkeiten, Freiberufler mit vielen Außenkontakten oder Menschen des öffentlichen Lebens bei Tennistrainerstunden zu beobachten. Fast jeder schlecht geschlagene Ball wird kommentiert: „Mein Gott, das passiert mir doch sonst nie!" oder „So schlecht habe ich noch nie gespielt!" etc. Es ist für solche Menschen wirklich schwer, eine Situation anzunehmen, in der sie von anderen lernen müssen, und das oft noch von Menschen, die im gesellschaftlichen Status eigentlich unter ihnen stehen.

Doch gerade das gilt es zu üben. Wer Organisationsentwicklungsprozesse begleitet, der muss von Menschen aller Hierarchieebenen lernen wollen. Bescheidenheit bezüglich des eigenen Wissens führt zur Bereitschaft, lernen zu wollen und den Status desjenigen zu akzeptieren, der etwas weiß, das man lernen möchte. Wer lernt, an seinem Status zu arbeiten, wird große Fortschritte bei der Entwicklung seiner Persönlichkeitsstruktur machen.

Bedingungsloser Respekt

Um miteinander Veränderung zu praktizieren, brauchen wir das Interesse am anderen und den Respekt vor seiner Landkarte von der Welt, mit all seinen Werten, Einstellungen und Fähigkeiten. Radikaler Respekt bedeutet jedoch nicht die uneingeschränkte Akzeptanz aller Verhaltensweisen, die einem begegnen. Diese Unterscheidung ist bedeutsam. Menschen entwickeln aufgrund ihrer Erfahrungen, Erziehung und Veranlagung unterschiedliche Lebenskonzepte. Diese unterschiedlichen Lebenskonzepte sind Ausdruck ihrer Einmaligkeit und verlangen Akzeptanz. Zugleich müssen sie auf eine Weise gelebt werden, die ein soziales Miteinander garantiert. Insofern muss man über die Art und Weise ihrer Umsetzung so lange streiten, bis sie die Grenzen anderer nicht mehr verletzen. Wertschätzung gegenüber der individuellen Landkarte eines anderen bedeutet jedoch auch, eine Grundhaltung zu entwickeln, die es ermöglicht, aus ebendieser anderen Perspektive die Welt zu betrachten.

Dabei ist jeder situationsbezogene Deutungsprozess der Versuch, die Realität zu interpretieren. Wir bilden Hypothesen und Annahmen aufgrund von persönlichen oder kulturellen Bedeutungen, die wir einer wahrgenommenen Welt zuschreiben. Dieser Denkprozess findet statt, doch wir wissen nicht, wie. In einer Organisation kommen Menschen zusammen, die in der Regel unterschiedliche Grundannahmen und Meinungen besitzen. Sie alle erzählen ihre eigene Geschichte von der Unternehmung – und jeder der Erzähler hat Recht. Der eine verteidigt seine Sichtweise gegenüber dem anderen. Gedanken, die eine Sache, die man verteidigen will, infrage stellen könnten, werden beiseite geschoben. Das geht nicht ohne Selbsttäuschung. Wenn man bestimmte Berichte oder Standpunkte einfach nicht anerkennen will, indem man Tatsachen verdreht oder behauptet, sie seien falsch, dann liegen psychologisch betrachtet Abwehrmechanismen vor, mit denen wir uns später noch eingehender beschäftigen werden.

Wenn der Veränderungsmanager sich damit auseinander setzen will, wie die unterschiedlichen Sichtweisen der Organisationsmitglieder zu seinen eigenen Annahmen über die Unternehmung passen, muss er lernen, welches die Strategie seines eigenen Denkens und das der anderen ist. Mit diesem Vorgehen entdecken wir, dass wir nicht einem deterministischen („etwas denken zu müssen“)

Zwang, nicht einmal dem der Logik unterliegen. Der Gegensatz dieser uns häufig selbst anerzogenen Notwendigkeit ist nicht Zufall (Popper 1973, S. 216 ff.), sondern Freiheit. Mit dieser Freiheit der Wahl, die wir mitunter erst wieder entdecken müssen, übernehmen wir auch wieder bewusster Verantwortung für unsere Entscheidungen.

Um gerade die Last dieser Verantwortung zu mindern, wurden geniale Denkmodelle ersonnen. Bewegen wir uns in ihrem Rahmen, so können wir stets Begründungen und Ursachen benennen, die wir glauben, jedoch selten wissen. Auch Hierarchien helfen die Lokalisierung der Verantwortung zu erschweren: „Mir wurde gesagt, X zu tun" oder: „Die Anordnung kommt von oben ..." Auch die Metapher von der Objektivität fordert, dass die Eigenschaften des Beobachters nicht in die Beschreibung seiner Beobachtung eingehen. Indem er das Wesentliche der Beobachtung, nämlich der Prozess der Wahrnehmung, bei dem man eine Einstellung vorwählt, um eine ganz bestimmte Ablichtung der Vorlage zu erreichen, nicht als aktive Stellschraube berücksichtigt, wird der Beobachter zu einem seelenlosen Kopierer, und die Verantwortung für die eigene Konstruktion für Wahrnehmungsqualität wird getilgt (von Foerster 2002, S. 56). Der gesamte Prozess der individuellen mentalen Strategieverarbeitung wird nicht genutzt, um eine verständnisvollere Kommunikation im Unternehmen zu entwickeln.

Wie kommt es, dass der Mensch aus der Vielzahl wahrnehmbarer Phänomene einige aussucht und in den Vordergrund seiner Beobachtung stellt? Welche Bedeutungen schreibt er diesen beobachteten Phänomenen zu, welche Annahmen entwickelt er daraus hinsichtlich möglicher Lösungen? Zu welchen Schlussfolgerungen kommt er bezüglich seiner Ratschläge und Umsetzungsstrategien, mit denen er dann die Organisation umgestalten will?

David Bohm hat diese Betrachtungssystematik in dem nebenstehenden Modell dargestellt (vgl. Senge et al. 1996, S. 280). Sie hilft, die Verarbeitung von Daten und Erfahrungen zu verstehen und bei sich selbst zu prüfen. Die „Leiter der Schlussfolgerungen", wie Bohm sie nennt, macht deutlich, wie subjektive Überzeugungen auf die beobachteten Phänomene einwirken und sie bewerten. Der Mensch hat eine bestimmte Überzeugung hinsichtlich der Welt im Kopf und nimmt nur selektiv wahr (reflexive Schleife). Geht man von dieser eingeschränkten Sichtweise eine Stufe auf der Leiter höher, wird deutlich, dass die Geisteshaltung, die der jeweiligen Bedeutung innewohnt, die wir einer wahrgenommenen Situation hinzufügen, für die Interpretation einer Organisation entscheidend ist.

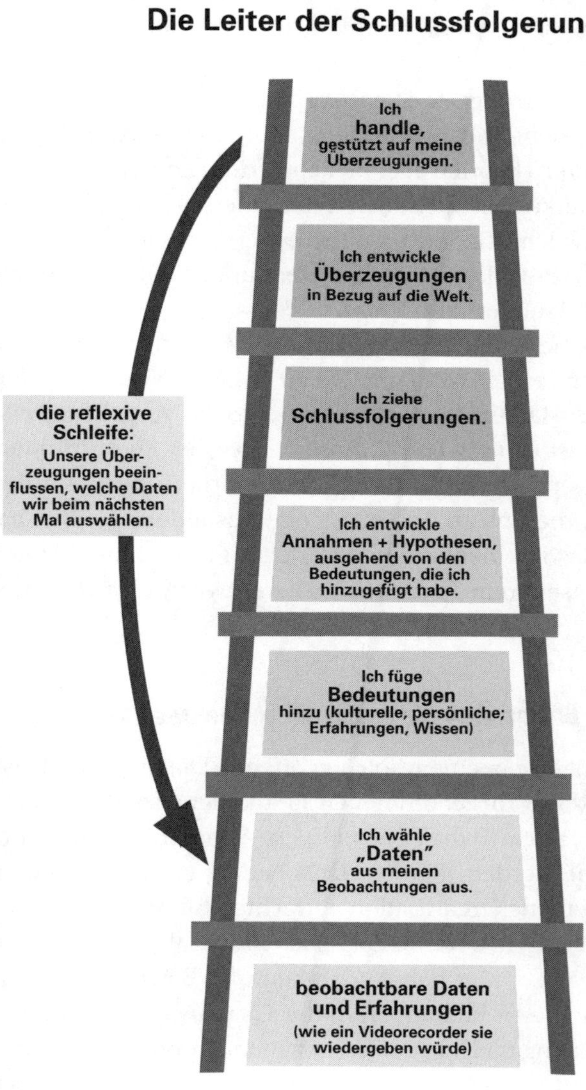

Abb. 1: Die Leiter der Schlussfolgerungen

Die Vorstellung von Organisationen als Maschinen, die dazu dienen, vorher festgesetzte Ziele und Aufgaben reibungslos und effizient zu erfüllen, verleitet zu der Annahme (nächste Stufe), dass eine Organisation mechanisch aufzubauen und zu leiten ist, und führt möglicherweise zu dem Schluss (nächste Stufe), dass dabei menschliche Komponenten eine untergeordnete Rolle spielten.

Bei der Analyse oder Deutung einer Organisation müssen wir der Fähigkeit, konkurrierende Theorien oder konträre Erklärungen in Betracht zu ziehen, höhere Aufmerksamkeit widmen. Meistens sind wir uns unserer Theorien aber nicht bewusst, und dennoch sind sie tief in uns verankert. Letztendlich unterhalten sich die Menschen nicht darüber, welche Bedeutungstheorie gerade in ihnen vorherrscht, sondern sie schlagen sich Überzeugungen in Bezug auf die wahrgenommene Welt um die Ohren.

Solange Theorien als Denkhaltung von Menschen anzusehen sind, gilt es, ihnen respektvoll zu Leibe zu rücken. Wir müssen lernen, um die für die Unternehmung angemessenste Vorgehensweise zu ringen. Dazu ist es notwendig, unsere Theorien zu ergründen, die in unserem Kopf herumgeistern, und die Erfahrungen auf den Tisch zu packen, die uns zu unseren Meinungsbildern geführt haben. Wenn wir das in einem offenen Dialog zu tun lernen, können wir uns in gegenseitigem Respekt der Verantwortung für unsere Arbeit stellen.

Annahmen und Bewertungen „suspendieren" und verlangsamen

Die Kunst der Analyse in einem solchen offenen Dialog besteht also zunächst darin, die wahrgenommenen Phänomene so zu beleuchten, dass daraus verschiedene Perspektiven, Annahmen und Hypothesen entwickelt werden können. Dies bedarf einer besonderen Sorgfalt. Jeder, der eine Organisation betrachtet, tut dies auf der Basis eigener Erfahrungen, eines historischen Materials, das ihn während seines Lebens geprägt hat. Annahmen und Bewertungen, die wir einem beobachteten Phänomen in der Gegenwart zuschreiben, haben ihren Ursprung meist in der Vergangenheit und in ganz anderen Kontexten. Um das Neue überhaupt verstehen und handhaben zu können, werden die bekannten Bedeutungen, die in der Vergangenheit ihre Prägung erfahren haben, nun gedanklich auf den neuen

Kontext übertragen. Bei diesem Übertragungsprozess wird im Sinne dieses Bedeutungsrahmens ausgewählt. Es wird nur das wahrgenommen, was zum eigenen Interpretationsrahmen passt. Dabei wird aber häufig der Fehler begangen, seine eigene Welt für wahr und jede andere für falsch zu halten. Das Gleiche gilt für Veränderungsstrategien: Erfahrungen aus „historischen" Kontexten einfach auf vorgefundene Situation zu übertragen ist eine auch von Beratungsfirmen oft fälschlich angewandte Vorgehensweise.

Es scheint paradox, dass Beratungsaufträge oft gerade an solche Firmen vergeben werden, die in gleichen Branchen oder sogar für Konkurrenten gearbeitet haben. Man glaubt also mehr an die Strategie: Was denen geholfen hat, hilft auch uns – anstatt sich Beratern anzuvertrauen, die in der Lage sind, sich mit offenen Fragen „unschuldig" einem Handlungsfeld zu nähern, und nicht mit Vorerfahrungen beobachtete Phänomene kategorisieren. „Sagen Sie, haben Sie schon mal in dieser Branche gearbeitet, um überhaupt unserer Probleme verstehen zu können …?"

Ähnlich ist auch der methodische Blick desjenigen, der von der Idee fasziniert ist, einen Prototyp des Erfolgreichen modellieren zu können. Doch dies kann nicht gelingen, auch wenn uns Bücher über die Tricks der Starverkäufer, die Strategien erfolgreicher Teams oder den „ultimativen Weg zum Millionär in wenigen Jahren" dies glauben machen wollen. Jeder Augenblick des Lebens beschreibt eine Einmaligkeit hinsichtlich der Verbundenheit mit anderen Systemen, Strategien und zirkulären Mustern. Aus der Rekonstruktion bekannter Situationen können wir allerdings lernen, die Aufmerksamkeit hinsichtlich eigener Verhaltensmuster zu erhöhen, um neue Wahlmöglichkeiten zu entdecken und nicht in Routinen zu erstarren.

Diese Alltagsroutinen fallen uns aufgrund der Geschwindigkeit, in der sie ablaufen, gar nicht mehr auf. Schnelle Bewertung, rasches Abschätzen, Einordnen, Aussortieren und Verurteilen schaffen Handlungssicherheit. Diese Routine sorgt jedoch auch dafür, dass alte Denk- und Verhaltensmuster beibehalten und Neues nicht entdeckt werden kann. Wenn wir Denkprozesse verstehen lernen wollen, müssen wir versuchen, die eigene Datenverarbeitung offen zu legen, zu suspendieren oder in der Schwebe zu halten (Bohm 1998, S. 139 ff.). Wir müssen die Strecke, die zwischen Impuls und Reaktion liegt, in Zeitlupe ablaufen lassen, um zu lernen, was in dieser rasenden Geschwindigkeit zwischen beiden Polen geschieht.

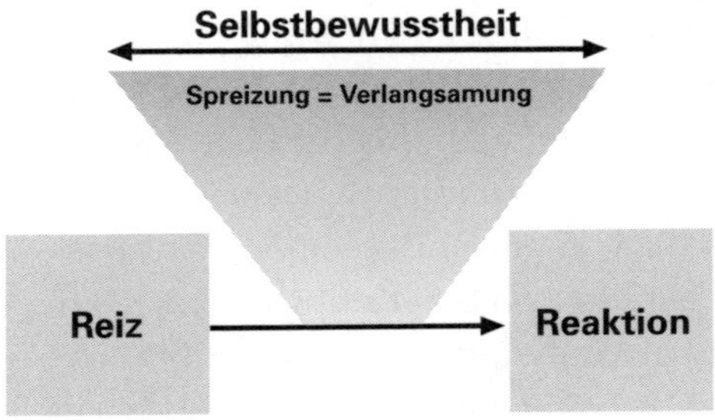

Abb. 2: Bewusstheit durch Verlangsamung

Hierzu haben wir in unseren Kursen eine Vielzahl von Übungen entwickelt, die hier leider nicht vorgestellt werden können. Ziel der Arbeit an den eigenen mentalen Modellen ist es, die automatischen Kettenreaktionen unserer Muster durch Verlangsamung und geübte Achtsamkeit zu unterbrechen, um neue Möglichkeiten entdecken zu können.

Bis hierher haben wir den Schwerpunkt unserer Betrachtungen auf die Persönlichkeitsstruktur derjenigen gelenkt, die die Aufgabe haben, Veränderungsprozesse zu organisieren. Viel zu wenig wird bedacht, dass gerade sie als Katalysatoren viele Interpretationen und Bewertungen in die laufende Veränderungsarbeit einfließen lassen. Auch die unterschiedlich stark ausgeprägten „Heldentugenden" tragen das ihre dazu bei, wie die Prozesse laufen oder stocken.

In einem nächsten Schritt geht es uns um die Betrachtung des Aktionsfeldes selbst. Wir wollen der Frage nachgehen, welche methodischen Hintergründe dazu beitragen, dass ein Veränderungsmanager diese oder jene Vorgehensweise wählt. Der alleinige Hinweis auf Erfahrungen durch empirische Erkenntnisse reicht nicht. Wir vermuten hinter den Theorien eine Mischung aus individuellen Charaktereigenschaften und den daraus geborenen Vorlieben für bestimmte Vorgehensweisen bei der Organisation von Wandel (oder anderem). Die daraus entstehende Einmaligkeit und die Verknüpfung mit den handelnden Personen führen zu Mythen und Legenden. Trotzdem entdeckt man bei hartnäckiger Analyse sich wiederholende Muster, die geradewegs in die Theorie- und Methodengeschichte der Wissenschaft führen.

Die großen Veränderungstheorien und ihre Lösungswege

Eine weitere Entdeckung, die wir im Umgang mit Menschen gemacht haben, betrifft die prägende Macht der Veränderungstheorien und ihre implizierten Lösungskonzepte, die sie im Laufe ihres Lebens erlernt haben. So manche Unternehmenskultur lebt von dem Mythos, dass jeder erfolgreiche Manager sich im Laufe seines Lebens die Fähigkeit aneignen muss, Situationen zu „deuten", um sie gestalten oder managen zu können. Dabei hat sich die Sage vom erfolgreichen Problemlöser entwickelt, der magische Fähigkeiten besitzt, Situationen zu durchschauen und Probleme zielgerichtet zu lösen. Trotz aller Widerstände geht er im Zweifel für seine Idee durchs Feuer und hat das Geschick, manchmal auch das Glück zur Seite, am Ende für eine Strategie Recht zu bekommen. Die von der Mythenbildung betroffenen Manager tun das Notwendige dazu, um ihr rätselhaftes Talent weiterhin zu mystifizieren. „Das lernt man nur auf der Havard University!" oder „Ich folge strikt dem Modell von Champy und Hammer!" Bluff oder kalkulierter Nebel? Aber viel wichtiger: Wissen diese Menschen, welche theoretischen Axiome in diesen Modellen angelegt sind und welchen Methoden sie dort blindlings folgen?

Auf der anderen Seite gibt es aber auch den weniger erfolgreichen Manager und Problemlöser, der hartnäckig seinen Standpunkt vertritt und dabei zum Einlenken nicht bereit ist. Durch seine rigide Vorgehensweise bei konfliktären Situationen heizt er prekäre Situationen nur noch weiter an, statt sie zu deeskalieren. Er sorgt für Widerstände, und der Lösungsprozess findet leider kein glückliches Ende.

Aus organisationstheoretischer Sicht sind beide Standpunkte von Interesse. Beide Ideen sind nichts anderes als Versuche, die Realität zu interpretieren. Beide lassen sich mit der Vorannahme eines bestimmten mentalen Konzepts (vgl. „Leiter der Schlussfolgerungen" S. 45) erklären, mit dessen Hilfe die vorgefundene Situation gedeutet werden soll. Jede trägt den Anspruch in sich, Vorstellungen und Erklärungen zu formulieren, die helfen sollen, eine Situation zu interpretieren und daraus angemessene Lösungen zu entwickeln.

Menschen, die Organisationsentwicklungsprozesse begleiten, müssen damit beginnen, sich ein Bild von der Organisationen, den darin arbeitenden Menschen und *ihren* Methoden machen, bevor sie dazu übergehen, eine Methode der Veränderung zu entwickeln. Die vorgeschlagene Vorgehensweise zur Veränderung muss die gelebte Story, ihre Sinnbilder, Methoden, Problemverständnisse, Lösungskonzepte usw. aufnehmen, um in demselben Muster zu agieren. Da wird von *quick and dirty* (die Methode betreffend) geredet, die momentanen Schwierigkeiten werden als „Durchhänger" (Problemverständnis) und der Weg in die Zukunft wird als *easy* (Lösungsverständnis) bezeichnet. Jeder dieser Begriffe ist für die Unternehmung und ihre Menschen mit bestimmten Erfahrungen verbunden, die für das Verständnis einer gemeinsamen Vorgehensweise hilfreich oder behindernd sein können (Monod 1971, S. 38 ff.).

Die Metaphern, Sinnbilder, Geschichten und Erklärungsprinzipien, die uns alle auf diese Art und Weise prägen, haben sowohl einen theoretisch-wissenschaftlichen als auch einen praktisch-erfahrungsorientierten Hintergrund. Jede Geschichte, die zu einem bestimmten Zeitpunkt gerade im Hinterkopf abläuft, jede Metapher wird die Situation, die zur Beurteilung ansteht, mit beeinflussen. Jede dieser Storys skizziert eine Denkungsart und Sichtweise, die Einfluss auf den betrachteten Gegenstand nimmt. Sie hält als Annahme Einzug in unsere mentale Strategie. Wenn wir mit diesen uns eigenen von Metaphern geprägten Geisteshaltungen versuchen wollten, Organisationen in ihrer ganzen Komplexität und Paradoxie zu erklären, würden wir die Menschen und die gesamte Kommunikationsstruktur solcher Organisationen überfordern. Andererseits müssen wir von Menschen, die anderen Ratschläge geben, erwarten, dass sie ihre Bedeutungshintergründe und Voranannahmen transparent machen.

Zahlreiche in unserer Kultur unreflektiert wahrgenommene Geisteshaltungen wurden zu akzeptierten Sichtweisen, die letztlich das tägliche Miteinander, die Art zu entscheiden oder auch zu handeln, prägen, auch wenn wir sie nicht immer als solche wahrnehmen, geschweige denn verstehen.

Der Wunsch, eine perfekte Unternehmung nur aus dem Bild einer Metapher zu verstehen, die der Vorstellung eines reibungslosen Maschinenablaufs entspricht, ist im Management tief verankert. Die damit verbundene Idee eines ebenso mechanischen Verantwortungsprozesses ist eine der Schlüsselmetaphern, die Managementtheorien prägen. Gleichzeitig ist jedoch klar, dass eine solche Sichtweise einer fundamentalen Methodik für die Organisation auch Auswirkungen auf Change-Prozesse hat. Insofern wird die genaue Entdeckung der Metaphern, die eine Unternehmung und ihre Beobachter prägen, von besonderer Wichtigkeit sein, wenn wir als Verantwortliche eines solchen Prozesses Rat oder Unterstützung anbieten. Welche Story aus welcher Zeit läuft in ihrem Kopf ab, wenn sie unter Druck geraten, oder welche andere dagegen, wenn etwas nicht schnell genug geht? Können sie nicht sofort eine Geschichte aus ihrer Erfahrung erzählen, die gleichzeitig auf bestimmte Konsequenzen hinweist, die sie in der Gegenwart vermeiden wollen, oder noch Dramatischeres ankündigt, was sie zum Zweifeln bringt? Wenn es gelingt, die Hintergrundgeschichten aufzudecken, die zur Interpretation einer Situation beitragen und ihre möglicherweise negative Bewertung bestimmen, kann die Auseinandersetzung mit denjenigen, die sich einer Veränderung zunächst entgegenstellen, eine ganz andere Qualität annehmen.

Die nachfolgend aufgezeigten Metaphern sind ein Versuch, die Vielfalt von Perspektiven und Möglichkeiten zu veranschaulichen, nach denen Organisationen mit ihren unterschiedlichen Funktionsweisen interpretiert werden können, und aufzuzeigen, welchen Sinn sie daraus für die Menschen stiften. Dabei beschreiben sie methodischen Konzepte, nach denen gehandelt und repariert werden kann. Keine dieser Metaphern existiert in Reinkultur. Eher ist zu beobachten, dass gerade die vielen verschiedenen Kombinationen für ständige Überraschungen im Unternehmensalltag sorgen. Das macht das Erlebte so bunt und unkalkulierbar.

Die Metapher vom Ingenieur, vom mechanischen Denken und von bürokratischen Organisationen

Die meisten klassisch aufgebauten Organisationen, deren Funktionen so verwaltet und geführt werden, als seien sie eine Maschine, erwecken den Eindruck, sie seien bürokratisch und mechanistisch. Die Idee, dass eine Organisation stets „zu funktionieren" habe, ist tief verwurzelt in allen Managementvorstellungen von betriebswirtschaftlicher Führung. Demnach ist Organisation ein System von wohl geordneten Beziehungen, Strukturen und Regeln, das eine reibungslose Abwicklung von Aufgaben und Erreichung von Zielen ermöglicht (Kirsch 1973, S. 47). Auch wenn diese Vorstellung zuweilen als unerlaubte Verkürzung der komplexen Aufgabenstellungen im Unternehmen gesehen wird, herrscht das Bild von der Organisationen als Maschine vor, und folglich erwarten wir, dass sie wie eine Maschine funktioniert, nämlich routinemäßig, effizient, verlässlich und vorhersehbar.

In aller Regel entsteht die Unternehmung, weil eine Person neben einem Produkt den Willen hat, es an den Markt bringen will. Dafür entwickelt sie eine Organisation, deren Instrumente zur Erreichung von Zielen dient (Gutenberg 1962, S. 11). Das zeigt sich im Ursprung des Begriffs Organisation im griechischen *organon*, Werkzeug oder Instrument. Die Organisation hat die Aufgabe, diejenigen Werkzeuge und Instrumente zu liefern, die notwendig sind, um eine Idee zur Umsetzung zu bringen.

Mit der industriellen Revolution wurden bürokratische und routinemäßige Abläufe in nahezu alle Lebensbereiche getragen. Die Arbeitsteilung, die vom schottischen Ökonom Adam Smith in seinem Buch *The Wealth of Nations* (1776; dt.: *Der Wohlstand der Nationen*) gepriesen wurde, setzte sich durch. Als die Industriellen die Effizienz zu steigern versuchten, indem sie die Entscheidungsfähigkeit der Arbeiter zugunsten der Kontrolle durch die Maschinen und entsprechendes Überwachungspersonal immer mehr reduzierten, entwickelte sich die Spezialisierung immer weiter fort. Viele dieser Ideen und Maßnahmen fanden bei Problemlösungen im Zusammenhang mit der Entwicklung industrieller Fertigung Anwendung. Sie wurden im Laufe des 19. Jahrhunderts schnell verbreitet, denn die Unternehmer strebten nach Organisationsformen, die die Maschinentechnik weiter ausbauten.

Doch erst zum Beginn des 20. Jahrhunderts wurden alle diese Ideen und Entwicklungen in einer umfassenden Organisations- und Managementtheorie vereinigt (Morgan 1997, S. 27 ff.). Einen Hauptbeitrag hierzu leistete der Soziologe Max Weber, der Parallelen zwischen der Mechanisierung in der Industrie und der Arbeitsabläufe in bürokratischen Organisationsformen beobachtete. Er stellte fest, dass bürokratische Organisationsformen Verwaltungsvorgänge genauso in einen Routineablauf zwingen, wie Maschinen die industrielle Herstellung zu einem Routinevorgang werden lassen. Auch der Franzose Henri Fayol interessierte sich für die Probleme des praktischen Managements und versuchte, dessen Erfahrungen mit erfolgreichen Organisationen als Vorbild für andere festzuschreiben. Die grundlegende Aussage seiner Ideen ist die Vorstellung von Management als einem Prozess der Planung, Organisation, Anweisung, Koordination und Kontrolle. Insgesamt haben sie die Grundlagen für viele Managementtechniken geschaffen, so für das MBO *(management by objectives)*, Zero-base-budgeting und andere Methoden, bei denen rationale Planung und Kontrolle im Vordergrund stehen.

Die Anwendung dieser Prinzipien führt zu einer hierarchisch strukturierten Organisation: Genau definierte Dienstwege sichern die Ausführung klar definierter Aufgaben. Durch die geschaffene Organisationsstruktur werden Abläufe vorgeschrieben und Autoritätsstrukturen sichergestellt, so beispielsweise durch persönliche Verantwortung, Weisungsbefugnisse und Gehorsamspflicht. Solche Strukturen gewährleisten Widerstand bei Abweichungen und koordinieren Handlungen, indem Bewegungen in einer bestimmten Richtung eingeschränkt, in andere dagegen unterstützt wird (Kosiol 1962, S. 41 ff.).

Im Laufe des 20. Jahrhunderts sind dezentrale Organisationsstrukturen durch die Entwicklung von Managementtechniken und die Schaffung ausgeklügelter Managementinformationssysteme (MIS) rasch vorangetrieben worden. Diese werden eingesetzt, um eine Kontrolle „von oben nach unten“ sicherzustellen, wie sie von Vertretern der klassischen Managementtheorie befürwortet wird. Die gesamte Schubkraft der klassischen Managementtheorie und ihrer modernen Anwendung besteht in der Annahme, dass Organisationen rationale Systeme sein können oder sollten, die so effizient wie möglich funktionieren.

Eine Organisationsentwicklungsmaßnahme setzt sich immer auch mit der Maschinenmetapher auseinander. Ein Großteil aller im Unternehmen legitimierten Managementinstrumente hat seinen Ursprung in dieser Gedankenwelt. Unsere Universitäten und Hochschulen lehren im Schwerpunkt eine Wissenschaft, deren Axiome auf der Maschinenmetapher gründen. Aufstellung und Bewertung einer Bilanz erfolgen nach Kriterien dieser Effektivität. Auch die Steuergesetzgebung folgt dem Gedanken der funktionalen Ausnutzung von Steuerersparnis, wenn das gewonnene Kapital zur Steigerung der Effizienz reinvestiert wird.

Ein Shareholder-Value-Prozentsatz wird zu Beginn eines Geschäftsjahres der Öffentlichkeit angekündigt und auf der Basis von Zielvereinbarungen im Unternehmen durchgesetzt. Unternehmen müssen einen hohen Profit ausweisen, wenn sie an den Börsen als attraktiv eingestuft werden wollen. Die Kreditwürdigkeit eines Unternehmens ist davon abhängig, ob es bereit ist, stille Reserven aufzudecken.

Kennzahlensysteme haben zum Ziel, Abweichungen festzustellen. Mittels Kennzahlen glaubt man, über ein gezieltes Controlling an den richtigen Schrauben drehen zu können. Das Softwareunternehmen SAP verkauft eine komplexe Softwarelösung für alle Funktionsbereiche einer Unternehmung. Dabei schürt es die Hoffnung, durch ein Cockpit-Panel auf dem PC des jeweiligen Entscheiders eine schnelle Visualisierung davon zu schaffen, wie sich der momentane Stand des Unternehmens darstellt. Steht eine Ampel auf Rot, so wird er sich mit Mausklick in immer tiefere Ampelsysteme verschiedener Funktionsbereiche im Unternehmen einlocken, bis er schließlich die Schwachstelle im Unternehmen gefunden hat, deren Kennzahlen nicht zur vorgegebenen Soll-Größe passen. „Hurra", ruft er, geht an den entsprechenden Arbeitsplatz und regelt das Problem. Herrlich, die gläserne Firma lebt.

Aldous Huxleys *Brave New World* (dt.: *Schöne neue Welt*) ist der Traum und der Albtraum einer jeden Maschinenmetapher (Houellebecq 1999, S. 175 ff.). Sie speist sich aus dem Gedanken der trivialen und nichttrivialen Maschinenwelt, die Heinz von Foerster (1997, S. 32 ff.) so treffend beschrieben hat. Wenn eine Maschine (oder gar eine ganzes Unternehmenskonzept) darauf programmiert ist, dass auf bestimmte Impulse ganz bestimmte Reaktionen erfolgen, so entsteht immer dann Stress, wenn die Linearität der Erwartung nicht erfüllt wird. Letztendlich sollen die Maschine, die Unternehmung, der Mensch wieder trivialisiert werden, damit mit Knopfdruck 1 auch die gelbe Lampe leuchtet und nicht die rote. Veränderung bedeutet dann, dass ein Trivialiseur gesucht wird, der das Erwartete wieder sicherstellt.

All dem hat Organisationsentwicklung Rechnung zu tragen. Jeder Versuch einer moralischen Diskussion geht an dieser Stelle in die falsche Richtung. Solange die Rahmenbedingungen des Wirtschaftens so sind, wie sie sind, hat jede Veränderungsmaßnahme auch zu zeigen, ob sie den Kriterien der Maschinenmetapher gerecht wird oder nicht. Fassen wir die Regeln der Ingenieurmetapher zusammen:

1. Die Unternehmensmaschine erfüllt einen Zweck. Ändert sich der Zweck, muss die Maschine um- oder neu gebaut werden.
2. Maschinen können optimiert werden. Kapazitätsgrenzen werden über einen entsprechenden Ressourceneinsatz aufgelöst.
3. Maschinen haben klare Konstruktionspläne. Innerhalb ihrer Annahme- und Berechnungssysteme wird jedwede Interaktion abgewickelt.

Die Metapher von den Bedürfnissen und der Motivation

Stellen wir uns eine Organisation anhand der Idee eines Organismus vor (Morgan 1997, S. 51 ff.). Wir betrachten sie dann als lebendes System, das in einer Umwelt existiert. Überleben unterscheidet sich nach Arten und Umwelten, wo es in erster Linie darauf ankommt, dass die Befriedigung der verschiedenen Bedürfnisse möglich wird. Nur das lässt den Einzelnen sein Dasein als sinnvoll erleben oder nicht. So wie wir in arktischen Regionen Eisbären antreffen, Kamele in der Wüste und Krokodile in Sumpfgebieten, so sind bestimmte Arten von Organisationen besser an spezifische Umweltbedingungen „angepasst" sind als andere.

Übertragen wir diese Metapher, so können wir feststellen, dass bürokratische Organisationen am effektivsten in einer Umgebung funktionieren, die stabil oder auf irgendeine Weise geschützt ist, und dass in stärker wettbewerbsorientierten, turbulenten Umwelten ganz andere Formen anzutreffen sind als zum Beispiel im Umfeld hoch technisierter Firmen der Luft- und Raumfahrt oder der Mikroelektronik. Start-up-Companies der New Economy können ihren Fondmanagern gar nicht so schnell neue Forecasts vorlegen, wie der Markt sich bewegt, und erhalten oder, besser gesagt, erhielten trotzdem Finanzmittel. Mancher Finanzmanager der „Old Economy" schüttelt nur verständnislos mit dem Kopf, dass dieses Verhalten akzeptiert wird, und hält sich aus dieser Klimazone lieber fern.

Die Organisationstheorie hat sich, um die Funktionsweisen lebender Systeme besser zu verstehen, an der Biologie orientiert. Unterscheidungen und Bezeichnungen wie Moleküle, Zellen, komplexe Organisationen, Spezies und ökologischer Lebensraum, gepaart mit den Begriffen Individuum, Gruppe, Organisation und Population (Arten), haben zu neuen Erklärungsmodellen geführt. Es ist nicht verwunderlich, dass die Organisationstheorie ihren Ausflug in die Biologie mit dem Gedanken begonnen hat, dass Arbeitnehmer Menschen mit komplexen Bedürfnissen sind, die erfüllt werden müssen. Wenn die Organisationstheoretiker ihre Erkundungen fortsetzen, entwickeln sie auf der Basis biologischer Modelle viele neue Ideen darüber, wie Organisationen funktionieren, und bestimmen die Faktoren, die deren Wohlergehen beeinflussen.

Seit Ende der 1920er-Jahre versuchte die Organisationstheorie, über die Grenzen dieser Sichtweise hinauszugelangen. Die Hawthorne-Studie wurde hierfür zum Ausgangspunkt. Unter der Leitung von Elton Mayo wurden in den 20er- und 30er-Jahren in der Hawthorne-Filiale der *Western Electric Company* in Chicago eine Reihe von Experimenten durchgeführt. Zunächst ging es in dieser Studie darum, den Zusammenhang zwischen Arbeitsbedingungen und der Häufigkeit von Ermüdungserscheinungen und Langeweile bei den Arbeitern zu untersuchen. Aber im Verlauf der Untersuchungen wurde diese enge Sicht aufgegeben. Viele andere Aspekte der Arbeitssituation wurden stattdessen in Betracht gezogen, wie zum Beispiel die Überprüfung der Einstellung und Meinung der Arbeitnehmer und Gesichtspunkte der sozialen Bedingungen außerhalb der Arbeitswelt. Diese Untersuchung ist berühmt geworden, weil sie auf die Bedeutung sozialer Bedürfnisse am Arbeitsplatz aufmerksam gemacht hat (Homans 1972, S. 123 ff.).

Durch die Hawthorne-Studie wurde das Feld der Arbeitsmotivation ebenso wie der Zusammenhang zwischen Individuum und Gruppen zu einem zentralen Thema. Es entstand eine neue, erweiterte Organisationstheorie, die auf der Vorstellung beruhte, dass Individuum und Gruppen ebenso wie biologische Organismen nur effektiv funktionieren können, wenn ihre Bedürfnisse befriedigt werden.

Entsprechend bekamen die Motivationstheorien, wie sie zum Beispiel erstmals von Abraham Maslow entwickelt wurden, große Bedeutung. Sie stellten den Menschen als seelischen Organismus dar, der sich um die Befriedigung seiner Bedürfnisse und um vollständige Entfaltung bei größtmöglicher Entwicklung bemüht.

Die Idee der Integration von individuellen und organisatorischen Bedürfnissen gewann immer mehr Einfluss. Organisationspsychologen wie Chris Argyris, Frederick Herzberg und Douglas McGregor zeigen auf, wie bürokratische Strukturen, Führungsstile und Arbeitsorganisation allgemein so modifiziert werden konnten, dass wertvollere, motivierendere Aufgaben geschaffen wurden. Mittelpunkt ihrer Überlegungen ist, jeden dazu zu ermunterten, die eigenen Fähigkeiten zur Selbstbestimmung und Kreativität einzusetzen. Unter ihrem Einfluss entstanden alternative Ideen zur bürokratischen Organisationsform.

Die Analogie zum Organismus und zu seiner Bedürfnisbefriedigung entwickelten humanistische Modelle, die den arbeitenden Menschen zur wertvollen Ressource für die Unternehmung machten. Entscheidend ist, Motivation im Zusammenhang mit einer individuellen Bedürfnisbefriedigung zu denken, durch die es auch gelingt, die individuelle Dynamik des Einzelnen mit den Unternehmenszielen zu verbinden, mit denen er seine Bedürfnisbefriedigung verknüpft

Im Sinne der Organisationsentwicklung gilt es zu verstehen, dass der Gedanke von Sinnerfüllung und Bedürfnisbefriedigung viele Menschen in Organisationen bewegt. Gesetzt den Fall, wir erkennen bei der Beobachtung einer Organisation, dass sie stark an dieser Metapher ausgerichtet ist, so müssen die Entwicklungsstrategien auch hier ansetzen. So kann möglicherweise in einer Unternehmung ein starkes Bedürfnis zur konsequenten Entscheidungsdelegation zum Ausdruck gebracht werden. Empowerment als Entscheidungsansatz wäre dann ein Weg, Menschen bei der Befriedigung ihres Bedürfnisses nach eigenen Entscheidungsfreiräumen zu unterstützen. Angenommen, eine Entwicklungsmaßnahme käme aber zu dem gegenteiligen Schluss, die Entscheidungsspielräume zu verkleinern, da man enger controllen will, würde dies grundsätzlich der gelebten Unternehmensmetapher widersprechen.

Eine Entwicklungsmaßnahme, ausgerichtet an den Bedürfnissen der Menschen, die in der Organisation arbeiten, setzt eine ganz andere methodischen Vorgehensweise zur Entscheidungsarbeit in Gang als beispielsweise die einer Maschinenmetapher. Wer aber daran denkt, die Bedürfnisse der Menschen als motivierende Kraft zu berücksichtigen, der muss diese Bedürfnisse entdecken wollen. Diese Entdeckungsreise bedeutet auch immer wieder, nach geeigneten Umsetzungsinstrumenten zu suchen, solche Bedürfnisse zu befriedigen.

Das heißt im Fazit:

1. Je wertvoller und motivierender die Arbeit, desto höher die Sinnerfüllung des Einzelnen und die Loyalität zum Unternehmen.
2. Gelingt es, die Bedürfnisbefriedigung mit den Unternehmenszielen zu verbinden, wird sowohl die Leistungsfähigkeit des Einzelnen gesteigert als auch eine hohe Sinnstiftung erreicht.

Die Metapher vom Anpassen und Überleben

Wenn wir annehmen, dass Individuen, Gruppen und Organisationen Bedürfnisse haben, die sie erfüllen wollen, dann kann daraus der Schluss gezogen werden, dass sie zu ihrem Wohlbefinden ein Umfeld brauchen, das entsprechende Ressourcen liefert. Diese Denkrichtung, die mehr das Feld der Koppelung zwischen Organisation und Umwelt betrachtet, charakterisiert den „Systemansatz", der hauptsächlich auf die Arbeit des theoretischen Biologen Ludwig Bertalanffy (1953) zurückgeht. Dieser Systemansatz geht von der Annahme aus, dass Organisationen, ebenso wie Organismen, gegenüber ihrer Umwelt „offen" sind und eine entsprechende Beziehung zu ihr herstellen müssen, um zu überleben.

In der Praxis zeigt sich dieser Ansatz meistens in der Art und Weise, wie eine Unternehmung ihr strategisches Vorgehen beschreibt.

Als Erstes wird die Umgebung einer Organisation beleuchtet. Dabei stehen die direkten Interaktionen der Organisation zum Beispiel mit Kunden, Konkurrenten, Lieferanten, Gewerkschaften und Behörden ebenso wie das allgemeine Umfeld im Mittelpunkt der Betrachtung. Das hat entsprechende Konsequenzen für die Organisationspraxis: Das Hauptaugenmerk gilt der Beobachtung von Veränderungen im Aufgaben- und Kontextumfeld. Die kritischen Grenzen und Bereiche gegenseitiger Abhängigkeit müssen analysiert werden, sodass mit der entsprechenden Taktik reagiert werden kann. Das weit verbreitete Interesse an Unternehmensstrategie folgt der Erkenntnis, dass Organisationen sensibel für die Ereignisse in ihrem Umfeld sein müssen.

Ein zweiter Ansatz für die Analyse offener Systeme betrachtet das gesamte Beobachtungsfeld als ein Beziehungssystem, in dem die Funktionen wechseln. Mal ist ein Teil des Systems Umwelt, d. h., die Aufmerksamkeit bezieht sich auf die Beobachtung des Kontextes. So kann es entweder sein, dass der Beobachter das System ist, welches auf den Kontext schaut, zum anderen kann es aber sein, dass er vom Kontext auf das System schaut. So entstehen unterschiedliche Blickrichtungen bezüglich der Organisation und ihrer Elemente als miteinander in Beziehung stehender Subsysteme, die sich aneinander anpassen müssen. So leben Systeme in unterschiedlichen Systemgruppierungen mal als Ganze, mal als Teil eines größeren oder eines kleineren Systems. Organisationen umfassen Einzelpersonen (die für sich wiederum Systeme darstellen), die zu Gruppen oder Abteilungen gehören, die zu einer größeren Organisationsunterabteilung gehören usw. und in einem ständig wechselnden Austauschprozess stecken. Entscheidend ist immer die Perspektive der Betrachtung.

Systemtheoretiker betrachten intra- und interorganisatorische Beziehungen in diesem Zusammenhang als Konfigurationen von Subsystemen, um Hauptmuster und untereinander bestehende Verbindungen zu veranschaulichen. Dabei werden Schlüsselbedürfnisse identifiziert, die eine Organisation zum Überleben erfüllen muss.

Ein dritter Schwerpunkt bei der pragmatischen Anwendung des Systemansatzes besteht in dem Versuch, einen Beziehungsrahmen zwischen verschiedenen Systemen zu schaffen, um mögliche Funktionsstörungen zu erkennen und zu beseitigen. In der deutschsprachigen Managementlehre ist Kirsch derjenige, der hier als Erster ein umfangreiches Steuerungsmodell beschrieben hat, um damit entscheidungsorientiertes Handeln zu erklären (1976, S. 27).

Zusammenfassend ist festzustellen, dass Organisationen als offene Systeme ein aufmerksames Management erfordern, damit sie aufgrund der sich ändernden Umweltbedingungen sowohl den Bedürfnissen ihrer eigenen Organisationseinheiten als auch den Bedürfnissen ihrer Umwelten (sprich Kunden), von denen sie als Ressourcengeber abhängig sind, gerecht werden können. Das Management muss sich vor allem um eine solch gute „Passung" zwischen den unterschiedlichen Bedürfnisstrukturen bemühen. Dabei werden unterschiedlichste Strategien angewandt, um innerhalb einer Einheit verschiedene Aufgaben so zu organisieren, dass die gewünschten Ziele auch erreicht werden. In unterschiedlichen Umgebungen werden unterschiedliche Arten von Organisationen benötigt, die jeweils verschiedene an sie gerichtete Bedürfnisse befriedigen können. Die Kunst besteht darin, die Bedürfnisse so anpassbar zu machen, dass die Organisation diesen Prozess unter ökonomischen Gesetzmäßigkeiten bezahlen kann.

Dies sind die Hauptgedanken der so genannten Kontingenztheorie, die sich als vorherrschende Sicht in der modernen Organisationsanalyse durchgesetzt hat. Alle organisationstheoretischen Studien ergaben, dass im Organisationsprozess zahlreiche Entscheidungen getroffen werden müssen, um diese „Passung“ möglich zu machen. Sie stimmten auch darin überein, dass es bei effektiven Organisationen darauf ankommt, ein Gleichgewicht oder eine Vereinbarkeit zwischen den unterschiedlichen Strategien, Strukturen, Technologien aller Subsysteme der Organisation und den Pflichten und Bedürfnissen der Menschen und den äußeren Bedingungen des Umfelds herzustellen (Lawrence a. Lorsch 1992, S. 185 ff.).

Wer Veränderungsprozesse im Unternehmen gestalten will, sollte nach dem Bild der „offenen Systeme“ folgende Fragen stellen:

1. Das Management einer solchen Unternehmung betrachtet zunächst die Umgebung der Organisation und die direkten Interaktionen mit ihr, zum Beispiel mit Kunden, Konkurrenten, Lieferanten, Gewerkschaften und Behörden. Ebenso wird der weitere Kontext oder das allgemeine Umfeld beleuchtet und in Analysen skizziert. Wie ist die Abhängigkeit der Systeme und Subsysteme voneinander, und welche Grenzen gibt es? Welche Strategien existieren im Umgang der Unternehmung mit diesen Umwelten?
2. Gibt es an die Organisation gerichtete Schlüsselbedürfnisse, die immer wieder genannt werden und möglicherweise nicht zufrieden stellend erfüllt werden?
3. Gibt es zwischen den Systemen Funktionsstörungen, die „angepasst“ werden müssen? Sind die Prozesse beschrieben und analysiert? Stimmt der Einsatz unterstützender Ressourcen? Funktionieren die Kommunikationsstrukturen? Ist die Führung zur Regelung dieser „Passung“ in der Lage?

Die Aufmerksamkeit dieser Metapher liegt immer im Außen und hat die Anpassung des Systems im Blick. Wichtig ist es, dabei zu berücksichtigen, dass die Betrachtungsperspektive wechseln kann:

Was System ist, kann Umwelt werden, und umgekehrt. So müssen sich die Bedürfnisse der Mitarbeiter dem Markt unterordnen, wenn der Markt Umwelt und die Mitarbeiter System sind. Umgekehrt sieht es aus, wenn Mitarbeiter streiken, um Lohnforderungen durchzusetzen. Dann ist der Markt (die Verbraucher) System, und die Mitarbeiter sind Umwelt. Häufiger ist es jedoch der erstere Fall. Die Bedürfnisse derjenigen, die in der Organisation sind, müssen sich dem Markt unterordnen. Im Allgemeinen geht man davon aus, dass der Anpassungsnotwendigkeit hinsichtlich der Bedürfnisse der Außenwelt höhere Priorität zugemessen wird als hinsichtlich der Bedürfnisbefriedigung der Innenwelt. Dies hängt letztendlich davon ab, als wie groß man die Umwelt und als wie klein das System definiert. Umso eher müssen Organisationsentwickler für Parolen aufmerksam sein, die wie „Die Mitarbeiter müssen motiviert" oder „Die Mitarbeiter müssen nur ins Boot gebracht werden" lauten. Unser Eindruck ist, dass man glaubt, die Notwendigkeit der Anpassung der Organisation an die Umwelt sei für alle Menschen im Unternehmen allgemein oberstes Gebot, und dementsprechend müssten individuelle Bedürfnisse nachrangig behandelt werden.

Insbesondere eine Organisation mit turbulenten Umwelten und komplexen Aufgabenstellungen erfordert eine spezielle Struktur der Steuerung. In diesem Zusammenhang entstand der Begriff der „Adhocratie". Dieser Begriff wurde von Warren Bennis (1998) geprägt. Die Adhocratie setzt Projektteams ein, die sich zur Ausführung bestimmter Aufgaben zusammenfinden und wieder auflösen, wenn die Aufgaben erfüllt sind. Die Mitglieder schließen sich dann wieder zu anderen Teams mit anderen Projekten zusammen. Adhocratien ergeben sich immer häufiger in innovativen Unternehmen und finden eine interessante Form, die Kontingenztheorie umzusetzen. In Projekten können sich Menschen mit entsprechenden dazu passenden Bedürfnissen verwirklichen. Dadurch sind sie motiviert und setzen sich für die bestmögliche „Passung" des Projekts ein.

Viele Adhocratien werden häufig als Matrixorganisation bezeichnetet, doch sollten diese am ehesten als Organisationsform mit einem hohen Maß an Variation betrachtet werden. Zwar können einige Ansätze der Matrixorganisation in einem solchen Maß formalisiert sein, dass sie wie modifizierte Bürokratien funktionieren, doch sehr viel wichtiger ist die Art ihrer Flexibilität.

Der Begriff Matrixorganisation wurde geprägt, um einen visuellen Einblick von Organisationen zu vermitteln, die methodisch versuchen, die Form funktionaler und in Bereiche unterteilter Organisationsstrukturen miteinander zu kombinieren. Die Funktionseinheiten entsprechen den Spalten der Matrix, die Teams den Zeilen:

	Proj. 1	Proj. 2	Proj. 3
Team 1			
Team 2			
Team 3			

Die voll ausgeprägte Matrix ist insofern teamorientiert, als den Geschäfts-, Programm-, Produkt- oder Projektbereichen die höhere Priorität zugeschrieben wird und die Funktionsbereiche der Hierarchie unterstützend wirken. Der Schwerpunkt liegt hierbei auf dem Endprodukt und nicht auf funktionellen Beiträgen. Dadurch wird flexibles, innovatives und anpassungsfähiges Verhalten gefördert.

Matrixorganisationen schaffen die Möglichkeit, Grenzen des Spezialistentums zu überwinden, und erlauben den Mitgliedern verschiedener Spezialabteilungen, ihre Fähigkeiten und Qualifikationen zur Lösung eines gemeinsamen Problems miteinander einzubringen. Durch Matrixorganisationen wird in aller Regel die Anpassungsfähigkeit in Wechselwirkung mit dem Umfeld erhöht. Auf hoher Motivationsebene schafft sie eine verbesserte Koordination zwischen den Fachabteilungen sowie effizienteren Personaleinsatz.

So weit die Theorie der Metapher. Die Praxis zeigt jedoch eine Vielzahl von Schwierigkeiten beim Umgang mit dieser Idee. Das Management delegiert viele Themenstellungen, indem Projektleiter benannt werden, die sich aus allen Ebenen der Organisation Mitarbeiter zur Seite stellen können, ohne die Vielzahl der laufenden Aufgaben aus den linearen Funktionsbereichen zu kennen.

Das führt zu erheblichen Konflikten. Mitunter können Abteilungsleiter ihre Mitarbeiter nicht mehr für die Regelkommunikation erreichen, weil sie in Projekten engagiert sind. Dabei stellt sich immer wieder die Frage: Wer hat eigentlich Vorrecht vor wem? Häufig sind die Projekte von Vorstandsebene eingespielt und entsprechend priorisiert. Insofern brauchen sich die Projektmitglieder wenig um die anliegenden Arbeiten in den Funktionsbereichen zu kümmern. „Projekt vor Linie“ heißt die Anweisung, die mitunter jede Kontinuität unterminiert.

Der Versuch, mithilfe von Projekten und Matrix schnell zu sein, hat schlichtweg Grenzen. Diese sind aufgrund der wechselnden Verantwortlichkeiten über alle Hierarchiestufen der beteiligten Funktionsbereiche so unübersichtlich geworden, dass niemand in der Unternehmung noch sagen kann, ob die Belastbarkeit mit weiteren Projekten noch gegeben ist oder nicht. Kürzlich erklärte mir der Vorstand eines deutschen Automobilherstellers: „Die Auslastung bezüglich weiterer Projekte regelt die Unternehmung auf einfache Weise: Wenn nichts mehr geht, melden sich die Betroffenen bei mir. Dann gucke ich sie mir an, klopfe ihnen auf die Schulter und sagen ihnen, dass sie das schon schaffen. Wenn sie merken, dass ich keine neue Prioritäten festlege, sorgen sie schon nach Tagesgeschehen für eine Lösung, die passt. Wissen Sie, Belastung wird aus meiner Sicht viel zu kompliziert gesehen: Bevor jemand wirklich in die Knie geht, sucht er schon nach einer Lösung. Anders ist es, wenn er krank ist, dann kann es sein, dass er dabei wirklich umkommt."

1982 erschien das Buch *Auf der Suche nach Spitzenleistungen* von Peters und Waterman. Sie beschreiben die Charakteristika ausgesprochen erfolgreicher amerikanischer Unternehmen. Auch sie bestätigen die Kontingenztheorie. Sie zeigen, dass erfolgreiche Organisationen auf der „Passung" zwischen Organisation und Umfeld beruhen und dass es deshalb in der Praxis eine Vielfalt von „ausgesprochen erfolgreichen" Organisationen geben kann, wenn sie dieser Idee folgen (vgl. 1997, S. 25 ff.).

Erfolgreiche Organisationsentwicklung nach diesem Bild ist in der Praxis der Weg zu einer guten „Passung". Es ist leicht, davon zu reden, die Erfordernisse einer Organisation an die Rahmenbedingungen der Umwelt anzupassen und dafür zu sorgen, dass die internen Beziehungen ausgeglichen und ihre Reaktionen angemessen sind. Doch was heißt das in der Praxis?

Die Idee bedeutet, für eine Prozessgestaltung zu sorgen, die immer den Kunden, der ein Produkt übernimmt und damit befriedigt werden muss, im Auge hat. Jeder Prozessabschnitt hat dementsprechend einen Lieferanten, von dem man etwas übernimmt. Dann schließt sich der Prozess der eigenen Leistungserbringung an, um diese an einen Kunden weiterzugeben. Für den nächsten Prozessabschnitt wechselt die Bezeichnung. Wer vorher noch Kunde war, wird jetzt Lieferant. Schlagworte wie *One face to the customer* oder *Total customer satisfaction* verstehen diesen Ansatz zu propagieren.

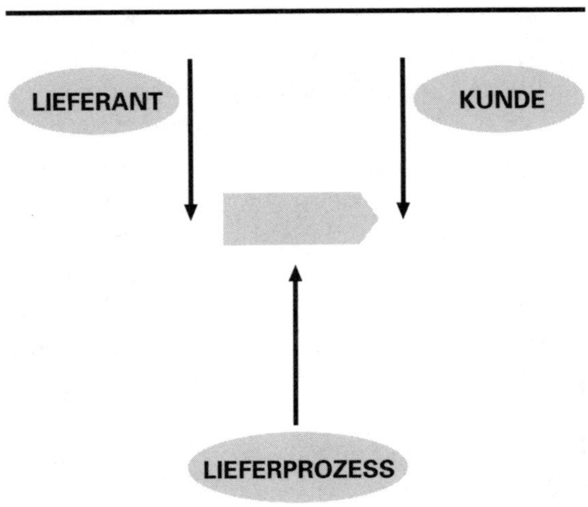

Abb. 3: Ein Prozessabschnitt hat immer einen Lieferanten und einen Kunden

Auch die induktiven Methoden der Organisationsentwicklung, auf die wir später noch eingehen werden, folgen dieser Idee. Sie versuchen, die Bedürfnislage der Systeme zu entdecken und anhand geeigneter Strategien Lösungen für die Umsetzung zu entwickeln. Entscheidend ist für jede Führungskraft, die einen Veränderungsprozess initiiert, dass sie die Dynamik der Systeme und ihrer Subsysteme aufnimmt und nicht durch übergestülpte Veränderungsstrategien unterdrückt. Im Sinne der Kontingenzmetapher muss eine problematische Situation als der fehlgeschlagene Versuch interpretiert werden, die Bedürfnisse der jeweiligen System-Umwelt-Beziehung so zu bearbeiten, dass sie an eine geeignete Form angepasst werden konnten.

Der methodische Ansatz der Kontingenztheorie hat in den letzten Jahren viele Kritiker gefunden. Die schwerpunktmäßige Betrachtung der Organisation und ihres Versuchs, die richtige Passung an die Umwelt zu finden, misst der Organisation viel und der Umwelt, als Überlebensfaktor, wenig Macht und Einfluss zu. Nach Darwins Evolutionstheorie wählt die Umwelt nach Populationen aus, indem sie nur solche Organisationen überleben lässt, die für ein angemessenes Angebot der notwendigen Ressourcen sorgen. Die Angebote sind einer Konkurrenz unterworfen, da meist Ressourcenknappheit besteht. Insofern überleben nur diejenigen, die bei der Anpassung eine erfolgreiche Strategie gefunden haben.

Diese Sicht hat Konsequenzen für Unternehmensentwicklungsabsichten: Möglicherweise haben spezialisierte Unternehmen durch technische, rechtliche, steuerliche, aber auch etablierte Ideen ihrer Manager Eintrittsbarrieren geschaffen, die effiziente Veränderung erschweren. Es kann sein, dass die Unternehmungen unter solchen Bedingungen gar keine differenzierten neuen Angebote machen, um sich um die knappen Ressourcen zu bewerben, und deshalb vom Markt verschwinden. So lässt sich zumindest erklären, warum aus Kohlebergwerken nicht immer Ölvertriebsgesellschaften und aus Textilunternehmen nicht immer Asienmarktagenten wurden.

Die Kontingenztheorie beschreibt das Überleben als einen Spannungszustand. Dabei kommt dem Management die Aufgabe zu, durch systematische Beachtung der Bedürfnisse die notwendigen Ressourcen zu fördern und zu sichern. Durch diese Betrachtung werden die gesamte Unternehmung und ihre Subsysteme in Strategie, Struktur, Technologie und menschlichen Bedürfnissen Ausdruck eines vitalen Strebens nach Überlebenssicherung. Sie erweitern die möglicherweise eng mechanistische Zielereichung zu einem System der Angemessenheit und erlauben damit so lange auch die Verfolgung langfristiger Überlebensstrategien, wie es den Einzelnen gelingt, ihre Bedürfnisse im Anpassungsprozess zu befriedigen. Die Metapher der Kontingenztheorie beherrscht Denkstrategien im Management. Dabei wird häufig die Definition von Umwelt und System gewechselt, sodass der Prozess, wer sich wann und wie anzupassen hat, unklar und unübersichtlich ist. Die Idee des „internen" Kunden treibt das Ganze auf die Spitze: Wer möchte nicht einmal „König Kunde" sein und seinen Kollegen durch ordentliches Herumnölen seine Bedürfnisse klar machen? Die Idee *One face to the customer* muss dementsprechend berücksichtigen, dass man nur dauerhaft motivierter Dienstleister sein kann, wenn die dazu notwendigen Ressourcen bereitgestellt werden. Wehe denen, die dies vergessen. Diese Dienstleister werden entweder bald ausgebrannt sein oder in anderen Jagdrevieren zu reißenden Wölfen, in denen sie sich als Kunden aufführen, die sich jedes erdenkliche Bedürfnis aufs Königlichste befriedigen lassen.

Das Verstehen einer Unternehmenskultur und die Beachtung ihrer Regeln, Rituale und Werte ist ein wesentlicher Baustein für jede Art von Entwicklungsarbeit mit dem Management und den Mitarbeitern. Seit dem Aufstieg Japans zur führenden Industrienation ist Organisationstheoretikern wie auch Managern die Beziehung zwischen Kultur und Management immer deutlicher geworden. In den 1960er-Jahren schien die Vertrauenswürdigkeit und der Einfluss des amerikanischen Managements und der amerikanischen Industrie über jeden Zweifel erhaben. Durch die Leistungen auf dem japanischen Automobil- und Elektroniksektor und in anderen Industriezweigen veränderte sich das alles im Laufe der 1970er-Jahre zwar zunächst langsam, doch dann mit zunehmender Intensität. Japan begann auf den internationalen Märkten die Führung zu übernehmen und konnte seinen guten Ruf bezüglich Qualität, Design, Preiswürdigkeit und Service festigen. Diesem Land, das kaum über natürliche Rohstoff- und Energiequellen verfügt und dessen 110 Mio. Einwohner sich auf vier kleine, gebirgige Inseln verteilen, gelang es, die höchste Wachstumsrate und die niedrigste Arbeitslosenzahl zu erreichen. Es gibt verschiedene Theorien für diesen Wandel. Einig ist man sich jedoch darin, dass Kultur und Lebensweise dieses „geheimnisvollen" Landes dabei eine bedeutende Rolle gespielt haben.

Seit Beginn der 1990er-Jahre erlebt Japan eine ernste und anhaltende Wirtschaftskrise. Die Tatsache, dass Unternehmen ihren Mitarbeitern kündigen mussten, stürzte die Menschen in eine tiefe Vertrauenskrise und Depression. Doch es gehört zur Kultur des Landes, dass die Mitarbeiter einer Unternehmung in der Krise auf erhebliche Lohnbezüge verzichten, um ihrer Firma zu helfen.

Worum handelt es sich bei diesem Phänomen, das wir als Kultur bezeichnen? Bildlich gesehen, ist dieser Begriff aus der Idee der Kultivierung entstanden, zunächst verstanden als der Prozess, Land urbar zu machen und zu bestellen. Wenn wir von Kultur reden, dann meinen wir damit gewöhnlich Entwicklungsmuster, die sich im Wissenssystem einer Gesellschaft, in ihren Glaubensvorstellungen, ihren Werten, ihrer Rechtsprechung und in den alltäglichen Ritualen niederschlagen.

Ganz gleich, ob in Japan, Deutschland, Hongkong, Großbritannien, Russland, den USA oder anderswo, überall bestimmen große

Organisationen den größten Teil unseres Tagesablaufs auf eine Art, wie sie dem Leben in einer abgeschiedenen Stammesgesellschaft im Regenwald Südamerikas vollkommen fremd ist. Das hört sich wie eine Selbstverständlichkeit an, doch viele Merkmale von Kultur beruhen gerade auf dem Selbstverständlichen. Warum zum Beispiel richten so viele Menschen ihr Leben nach klar abgegrenzten Bereichen von Arbeit und Freizeit aus, warum halten sie sich fünf oder sechs Tage in der Woche in einer strengen Routine, leben an einem Ort und arbeiten an einem anderen, tragen Uniformen, beugen sich einer Autorität und verbringen einen großen Teil ihrer Arbeitszeit damit herauszufinden wie sie mehr Freiheit entfalten können?

Der gegenwärtige japanische Erfolg und Niedergang, die spezielle Art in Brasilien, umweltschädliche Unternehmen durch Bestechung korrupter Administrationen zu errichten oder Steuersätze zu ermäßigen, der Ruhm des amerikanischen Unternehmensgeistes und die Inszenierung ihrer Trauer, mit der die Amerikaner den Terroranschlag am 11.9.2001 in New York verarbeiteten, dies alles sind klar zu unterscheidende Merkmale von Organisationsgesellschaften und haben ihren Ursprung im kulturellen Kontext.

In vielen Diskussionen über amerikanisches Management werden die kulturellen und historischen Umstände außer Acht gelassen, die es den Amerikanern ermöglichen, in diesem Ausmaß zu florieren. Dabei wird immer wieder suggeriert, dass die Techniken und Vorgehensweisen von amerikanischem Management scheinbar von einem Kontext auf einen anderen übertragbar seien. Selbstverständlich kann ein amerikanisch dominierter multinationaler Konzern seinen Managementstil in einem anderen Land mit Macht durchsetzen, ob er aber langfristig auch Krisen überlebt, ist noch zu beweisen. Bislang haben amerikanische Unternehmen, die im Ausland erfolgreich arbeiten, ihre Krisen nicht durch Organisationsentwicklungsmaßnahmen überlebt, sondern durch die Zerschlagung von Unternehmensteilen.

In deutschen Produktionshallen eine japanische Qualitätsphilosophie zu vermitteln ist genauso schwer, wie deutsche Qualitätsansprüche beim Autobau in Japan zu vermitteln. Ich war Zeuge einer Qualitätsbeurteilung, als schwäbische Autobauer ein japanisches Fahrzeug untersuchten. Auf die Frage, ob an diesem Fahrzeugunterbau etwas sei, das für die deutschen Produkte von Interesse sei, wurde nur schüchtern gelächelt. Trotz des großen Erfolges, den japanische Autos in Deutschland in den 1980er-Jahren hatten, wurden sie nicht zum Qualitätsstandard für deutsche Autos. Sie passen einfach nicht in die Kultur eines schwäbischen oder bayerischen Autobauers.

Kulturprägend ist auch, wenn das Top-Management verkündet, jetzt ein „Global Player" zu sein und Englisch als Unternehmenssprache einführt, so geschehen in einem deutschen „New-Economy-Unternehmen", in dessen Vorstand sechs Deutsche und ein Amerikaner saßen. Auf meine Frage, ob es denn nicht überlegenswert sei, dass der amerikanische Top-Manager Deutsch lerne, wurde mir geantwortet, deutsche Managementkultur sei spießig, und es sei höchste Zeit, etwas Neues zu lernen.

Kultur ist immer das, was ist, und nicht, was man gerne hätte. Insofern entsteht, was entstehen will – nichts Besseres und nichts Schlechteres. Vielleicht ist es ein speziell deutsches Phänomen, sich seiner eigenen Kultur zu schämen, aber selbst diese Aussage ist eigentlich nur moralisch und beklagt, was nicht zu verändern ist.

In einem Anfang der 1940er-Jahre erschienenen Aufsatz über die Beziehungen zwischen Moral und Nationalcharakter hat der Anthropologe Gregory Bateson auf die Unterschiede der Eltern-Kind-Beziehungen u. a. in Amerika und England aufmerksam gemacht (Bateson 1972, S. 133 ff.). In Amerika sei es üblich, manches prahlerische und angeberische Verhalten bei Kindern zu unterstützen, die sich noch in einem Abhängigkeitsverhältnis befinden und ihren Eltern untergeordnet sind, wohingegen in England Kinder dazu angehalten würden, in Anwesenheit Erwachsener gehorsame Zuschauer zu sein. Sie würden dafür belohnt, wenn man sie „sieht, aber nicht hört". Bateson behauptete, dass diese Erziehungspraktiken enorme Auswirkungen auf das Leben im Erwachsenenalter haben, im amerikanischen Fall sogar so sehr, dass Raum für hohe Selbsteinschätzungen und Eigenlob als Voraussetzung für Eigenständigkeit und Stärke angesehen werden. Das spiegele sich deutlich in dem amerikanischen „Wir-sind-die-Nummer-eins-Syndrom". Die ökologische Frage nach den vielen „Nummern eins", dem verbleibenden Rest, und ihren Lebensbedingungen wird als unerheblich, subversiv, ja gefährlich eingestuft.

Wir fragen uns in der Managementberatung häufig, inwieweit dieser Charakter amerikanischen Managements sich überlebt hat.

Auch wenn nicht angenommen werden kann, dass sich W. Wiedeking als CEO von Porsche auf Dauer weigern kann, der deutschen Finanzwelt Dreimonatsbilanzierungen zu präsentieren, so muss sein Mut bewundert werden, sich amerikanischem Finanzgebaren zu widersetzen. Er versucht, deutlich zu machen, dass mittel- und langfristige unternehmerische Entscheidungen nicht in Quartalen beurteilt werden und schon gar nicht zu Aktienkursausschlägen führen dürfen, die Unternehmen in der Periode beispielsweise umfangreicher Investitionen oder Vertriebsumstrukturierungen an den Rand des Ruins treiben. Denn leider haben sich auch die Börsen mit ihren Anlegern geändert, wo mitunter das schnelle Geld gesucht und nicht die langfristige Strategie eines Unternehmens honoriert wird.

Wenn wir die kulturellen Faktoren, von denen Einzelne und ihre Organisationen geprägt werden, verstehen lernen, liefert uns das Erkenntnisse über wichtige nationale oder regionale Unterschiede bei den Verhaltensweisen von Organisationen und ihren Menschen. So können wir nicht nur die Eigentümlichkeit fremder Gewohnheiten besser verstehen, sondern auch unsere eigenen, insbesondere im Umgang mit dem Andersartigen. Eine Besonderheit von Kultur ist, dass sie Kultureigenarten erzeugt. Diese umfassen entsprechende Handlungsabfolgen, die wir für „normal" halten, und andere, die nicht mit diesen Vorgaben übereinstimmen, als anormal wahrnehmen. Wenn wir uns dagegen das Wesen von Kultur anhand des Modells von Systemen und Umwelt der Kontingenztheorie klar machen, sind wir je nach Definition kultureller Inländer oder Ausländer. Aus dem Blickwinkel eines Kulturfremden können wir Organisationen, ihre Angestellten, ihre Vorgehensweisen und ihre Probleme aus einer erfrischend neuen Perspektive betrachten, zum Beispiel aus der Rolle des externen Beraters, dem die Unternehmenskultur fremd ist.

Unternehmenskulturen und ihre Subkulturen

Übertragen wir die Kulturmetapher auf Unternehmen, dann zeigt sich anhand von vielen Beispielen, wie man versucht, durch Entwicklungsprogramme gezielten Einfluss auf Unternehmenskulturen auszuüben (zum Beispiel „Lasst uns Meinungsverschiedenheiten begraben und Frieden schließen"). Mit Bildern, Parolen, Symbolen und Ritualen wird eine Gemeinsamkeit beschworen, ein Wir-Gefühl erzeugt und eine gemeinsame Sinngebung geformt. Plakatwände, die mit „Wir sind ..." ein Corporate Design postulieren, Weihnachtsfeste (wehe, wenn wer nicht kommt), Grillabende mit bedruckten T-Shirts, alles das sind die Merkmale einer bestimmten Unternehmenskultur.

Auch die Teambildung ist eines der Merkmale von Unternehmenskultur. Gruppenarbeit ist aus manchen Produktionsbetrieben gar nicht mehr wegzudenken. Angetan von der Idee einer eigenverantwortlichen Produktion, bei der der einzelne Bandarbeiter durch seinen eigenen Prüfstempel die Qualität seiner Arbeit bestätigt, statt sich von einer Kontrollstelle überprüfen zu lassen, sprechen Unternehmensberatungen von einer „neuen Kultur". Der Widerstand gegenüber einer solchen Maßnahme war zwar enorm, aber wichtiger war der Versuch, eine neue Kultur (hier Qualitätsteamkultur) zu schaffen. In eigenverantwortlicher Produktion werden selbstverständlich Qualitätsstichproben gemacht. Sollten dabei Fehler entdeckt werden, kann man anhand der Qualitätsstempel erkennen, wer den Fehler verursacht hat. Der entsprechende Arbeiter hat dann auf eigene Kosten den Fehler auszubügeln. So muss man sich fragen: Welche neue Kultur wurde da wirklich geschaffen? Ist sie nicht die alte geblieben, die auf geschickte Weise die Arbeitsplätze der Kontrolleure wegrationalisiert hat und durch die Beziehung von Menschen und Verantwortung für den Mitarbeiter eine noch größere Angstkultur im Hinblick auf Fehlerentdeckung etabliert?

Mitglied eines solchen eigenverantwortlichen Teams zu sein bringt auch zahlreiche Verpflichtungen mit sich. Arbeitsenthusiasmus und die Bereitschaft, Probleme und Ideen in einer freien und offenen Atmosphäre auszutauschen, werden vom Unternehmen aktiv gefördert. Dieses Arbeitsethos wird z. B. bei einem großen Automobilunternehmen in Form von Ritualen, wie „Bierpartys", „Tag der offenen Tür" und zahlreichen Foren, gefestigt, die regelmäßig Gelegenheiten zu ungezwungenen Gesprächen bieten. Die wahre Kultur zeigt sich darin, wie die Mitarbeiter das alles leben und umsetzen.

In der oben beschriebenen Unternehmung gibt es allerdings auch einen Funktionsbereich, bei dem wir es mit einer völlig anderen Art von Unternehmenskultur zu tun haben. Hier geht es um Erfolg in einem Bereich, der auf einem rücksichtslosen Managementstil aufgebaut ist und der dabei zu einem der profitabelsten Funktionsbereiche der Unternehmung gewachsen ist. Der Führungsstil des betreffenden CEOs ist klar und direkt. Er sorgt dafür, dass seine Arbeitnehmer ihr Arbeitspensum bewältigten, indem er eine Atmosphäre intensiver Konkurrenz auf der Grundlage von Konfrontation und Einschüchterung schafft. Sein Ansatz beruht auf seiner Suche nach den „Facts". Er besteht darauf, dass alle Berichte, Entscheidungen und Geschäftsplanungen des Managements auf unwiderlegbaren Prämissen beruhen, und entwickelt ein perfektes Informationssystem, ein Netzwerk von *task forces* im Sondereinsatz, die anhand von Projektaufgaben überall eingesetzt werden, um Schwachstellen zu identifizieren. Seine Befragungssitzungen betreffend die Strategie seiner Abteilungsleiter sind schonungslos. Diese Sitzungen, die als „Tribunal" bezeichnet werden, werden um einen riesigen, ovalen Tisch herum abgehalten, an dem bis zu 30 Leute Platz haben. Ich selbst kann berichten, dass die Methode dieses CEOs darin besteht, einem bestimmten Angestellten eine Frage zu stellen oder dazusitzen und sich vorgetragene Berichte anzuhören, während besonders dafür ausgewählte und vorher von ihm instruierte Führungskräfte oder solche, die sich bei ihm profilieren wollen, das Gesagte in einem Kreuzverhör einer genauen Prüfung unterziehen. Sobald der Befragte ausweicht oder Unsicherheiten an den Tag legt, schaltet sich der CEO ein, um der Schwäche auf den Grund zu gehen. In voller Kenntnis der Fakten (dazu war es nötig, bis spät in die Nacht alle Protokolle gegeneinander zu lesen) und mit der Fähigkeit, geradewegs zum Kern eines Problems vorzudringen, nimmt er unweigerlich auch den verunsicherten Manager und seine Argumentationsweise auseinander. Diese Erlebnisse sind so strapaziös, dass viele Betroffene unter dem Druck in schwer wiegende psychische und physische Krisen geraten.

Diese Methode basiert auf Angst. Wenn eine Führungskraft etwas vorbringen will, steht sie unter dem Druck, sich die Nacht davor zu präparieren, um sicherzugehen, dass alle möglichen Fragen und Aspekte in Betracht gezogen werden. Ein Abteilungsleiter erklärte mir einmal, dass er glaube, sich niemals aus freien Stücken selbst so weit hätte entwickeln können, wenn er nicht ständig so „gequält" worden wäre. Schenken wir dem brasilianischen Soziologen Paulo Freire (1973) Glauben, dann wird das Gelernte des Unterdrückten zu seiner eigenen Pädagogik gegenüber anderen, sobald er in eine Vorgesetztenrolle kommt. Wehe seinen Mitarbeitern, sie werden das gleiche Führungsverhalten erlernen.

Die von Druck und Angst geprägte Firmenkultur dieses Funktionsbereiches ist meilenweit von der Kultur anderer Bereiche entfernt. Dennoch arbeiten in diesem Unternehmen die verschiedenen Kulturen höchst erfolgreich. Allen gemeinsam ist die Mission und Visionen des Konzerns, und sie lassen trotz ihres bedeutenden Einflusses, den sie auf Ethos und Bedeutungssystem der gesamten Organisation ausüben, unterschiedliche Führungskulturen zu. Wenn wir unser Augenmerk auf die Verbindung zwischen Führungsstil und Unternehmenskultur richten, so kann uns das auch Schlüsselerkenntnisse über die Funktionsweise von Organisationen liefern. Doch sollte dabei nicht vergessen werden, dass nicht allein die Führungskräfte das Monopol auf die Entstehung einer Firmenkultur innehaben (Kets de Vries 1998, S. 22 ff.). In einer Organisation gibt es häufig viele verschiedene und miteinander in Konkurrenz stehende Wertesysteme, die wie ein Mosaik von Organisationsrealitäten eine Unternehmenskultur prägen. Es kann auch deshalb zu subkulturellen Aufspaltungen kommen, weil die Loyalitäten der Mitglieder der Organisation geteilt sind. Nicht jeder fühlt sich der Organisation, für die er arbeitet, voll und ganz verbunden. Die Arbeitnehmer zeigen spezifische subkulturelle Verhaltensweisen, die ihrem Leben mehr Sinn geben, zum Beispiel, indem sie Gruppen bilden, Freundschaften im Betrieb schließen oder Normen und Werte entstehen lassen, die eher persönlichen Zielen dienen als denen der Organisationen.

Die Bildung einer gemeinsamen Organisationskultur

Wie kann man in der Vielzahl der unterschiedlichen Interpretationen von Wirklichkeit eine gemeinsame Organisationskultur entdecken? Wie ist es möglich, dass Menschen in einer Organisation auf verschiedenen Wegen doch zu einer gemeinsamen Organisationskultur zusammenfinden?

In gewisser Hinsicht können wir sagen, dass das Wesen einer Kultur auf seinen gesellschaftlichen Normen und Gepflogenheiten beruht und dass wir uns, sofern wir uns an diese Regeln halten, eine entsprechende soziale Realität erfolgreich konstruieren. Doch bedeutet Kultur mehr als nur das Befolgen von Regeln. Regeln sind immer unvollkommen. So ist zum Beispiel die Rechtsprechung ein lebendiges Beispiel dafür, dass Gesetze und die mit ihnen getroffenen Regelungen fortwährend mit veröffentlichten Gerichtsentscheidungen ergänzt werden. Dies ist ein Versuch, aus unterschiedlichen Interpretationsmöglichkeiten bezüglich der Gesetze eine gemeinsame Rechtskultur zu schaffen. Diese Sicht von Kultur als Inszenierung hat entscheidenden Einfluss auf unser Verständnis von Organisationen als kulturellen Phänomenen.

Welches sind die gemeinsamen Interpretationsschemata, die Organisationen möglich machen? Worin haben sie ihren Ursprung? Wie werden sie geschaffen, vermittelt und aufrechterhalten? Das sind zentrale Fragen für die Organisationsanalyse. Der Ansatz von Kultur als Inszenierung liefert uns die Erkenntnis, dass Organisation im Wesentlichen sozialkonstruierte Wirklichkeit ist, die ebenso in den Köpfen und Gedanken ihrer Mitglieder existiert wie in ganz konkreten Regeln und Beziehungen.

Um sich über eine Organisationskultur Klarheit zu verschaffen, müssen die profanen und lebensnahen Aspekte beim Vorgang des Konstruierens von alltäglicher Realität aufgedeckt werden. Diese sind manchmal so subtil und verdeckt, dass sie sich nur schwer ausfindig machen lassen. Organisationsstruktur, Regeln und Strategien, Ziele, Maßnahmenplanung, Aufgabenbeschreibung und normierte Handlungsanweisungen erfüllen die gleiche Interpretationsfunktion auf Unternehmensebene. Sie dienen als Bezugskategorien dafür, wie Menschen über den Zusammenhang, in dem sie arbeiten, nachdenken, sich organisieren, handeln und darin Sinn sehen. Je nachdem, von welcher Perspektive aus man diese Phänomene betrachtet, unter welchem wissenschaftstheoretischen Aspekt man sie analysiert, können sie als isolierte Aspekte betrachtet werden. Doch durch den Inszenierungsansatz bezüglich Kultur wird hervorgehoben, dass es sich um kulturelle Gebrauchsgegenstände handelt, die dazu beitragen, einen kontinuierlichen Interpretationsrahmen innerhalb einer Organisation sicherzustellen.

Ebenso wie die Werte, Glaubenssätze und Traditionen einer Familie auf Verwandtschaftsbeziehungen und anderen sippschaftsbezogenen Strukturen beruhen mögen, verhält es sich im Unternehmen. Viele Aspekte einer Organisationskultur sind in der Routine alltäglicher Handlungsweisen sichtbar, denn gemeinsame Bedeutungszuweisungen bestimmen die sozialkonstruierte Ebene, von der jede Managergeneration ihre kulturelle Handlungsmuster ableitet. Innerhalb dieses gelernten Bezugsrahmens wird deutlich, dass jeder Organisationsaspekt Symbolcharakter hat, und es ist überraschend, wie das beobachtete Phänomen plötzlich in einem gemeinschaftlich anerkannten Licht erscheint. Die wöchentliche Besprechung oder der jährliche Planungszyklus, die alle für eine reine Zeitverschwendung halten, gewinnen neue Bedeutung als Ritual, das viele verborgene Funktionen erfüllt. Einerseits stöhnen alle über die von ihnen abverlangten Aktivitäten, anderseits glaubt jeder zutiefst an ihre Sinnhaftigkeit.

Auch das Wesen und die Bedeutung von Beziehungen zwischen Organisationen und Umfeld lassen sich mit der Kulturmetapher neu interpretieren. Sie erschließt uns, wie eine Organisation ihr Umfeld als einen Prozess sozialer Verwirklichung deutet. Organisationen

Abb. 4: Der Stratege denkt, die Interpretation lenkt

wählen und strukturieren ihr Umfeld durch eine Vielzahl interpretativer Entscheidungen. Die eigene Identität erhält über das Umfeld und die Beziehung zu ihm ihre kulturelle Wichtigkeit. Unserem Umfeld geben wir durch die Überzeugungssysteme die Bedeutung, die wir für unsere kulturelle Verwirklichung brauchen.

Das wird sehr wichtig, wenn sich eine Organisation an die Strategieformulierung begibt. Sobald man einsieht, dass Strategieplanung ein Inszenierungsprozess ist, der Annahmen über die Beschaffenheit des Marktes aufgrund von gemeinsamen kulturellen Interpretationsprozessen formuliert, dann kann man die Einsicht gewinnen, dass man in der Strategie alles wieder findet, was man dort sehen will. Man wird aber genau auch das dort nicht finden, was man per Definition ausgeschlossen hat. Dieser Prozess der Annahme oder Vermeidung von Bedeutungsinterpretationen führt eben zu dem Sandkastenspiel, das die Strategiearbeit häufig so gefährlich macht. Diese Interpretationen können schließlich darin bestärken, dass die Strategie richtig und die Umwelt falsch sei, ja sie schaffen eventuell selbst diejenigen Einschränkungen Hindernisse und Situationen, die dann Probleme bereiten.

Kulturelle Gründe für den Widerstand gegen Veränderungen

In gleicher Weise kann auch Widerstand mit der Kulturmetapher erklärt werden. Eine Organisation mag bestimmte kulturelle Werte besonders hochhalten, die es schwer machen, die Mitarbeiter davon zu überzeugen, dass es jeweils auch alternative Handlungsmöglichkeiten gibt. Eine Unternehmenskultur definiert das, was die Leute als möglich begreifen. Oft kommt Innovation von außen Stehen-

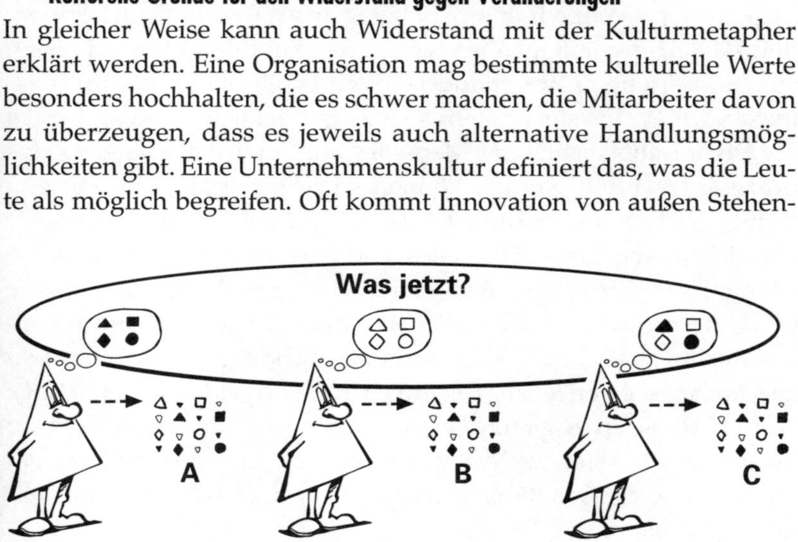

Abb. 5: Die Gedanken sind frei

den oder Abweichlern, deren Wahrnehmungen nicht kanalisiert oder nicht in kulturelle Verfahrensweisen umgesetzt sind. Es gibt Leute, die deshalb als vermeintlich dickköpfig gelten, da sie die empfangenen Botschaften nicht mit ihren eigenen persönlichen kulturellen Deutungsmustern umsetzen können, und andere, die aufnahmefähig sind, weil sie die Botschaften verarbeiten können. Folglich sind nur diejenigen in der Lage, neue Verhaltensweisen zu lernen und effektiv in neuen Kontexten umzusetzen, die empfangene Signale mit den ihnen bekannten Wertesystemen, Normen oder Regeln dekodieren können.

Wenn wir Regeln aufstellen, fordern wir andere Menschen geradezu heraus, sie zu brechen. Das wirkt von zwei Seiten: Einmal sind die vom Unternehmen gelebten kulturellen Regeln und Rituale Schutz für den Einzelnen, sich verlässlich im Unternehmen bewegen zu können. Andererseits fordern sie heraus, weil jeder aus einem Freiheitsdrang ihre Grenzen und die Folgen ihrer Überschreitung ausprobieren möchte.

Immer, wenn eine Regel gebrochen wird, kommt der unterdrückte emotionale Schmerz wieder zum Vorschein, sei es bei denjenigen, die sie auf Unternehmensebene erdacht haben und bewachen, sei es auch bei den einzelnen Mitarbeitern, die ihre eigenen Werte und Regeln haben. Weil wir unsere Spielregeln als Reaktion auf Schmerz und Leiden erschaffen haben (genau das fühlt der Vorstand, wenn eine Anordnung nicht termingerecht und vollständig bei ihm abgemeldet wird), sind sie meistens so widersprüchlich, dass sie allen an der Organisation beteiligten Menschen nur durch einen langen Lernprozess vermittelt werden können. „Darüber sprechen wir jetzt nicht!"; „Schon wieder diese Frage ...!"; „Diese Reaktion sehen wir gar nicht gerne!" usw. Dies alles sind Aussagen darüber, dass die Regeln nicht durch klare Anweisungen vermittelt werden können. Das Unternehmen mit seinen Regeln, aber auch der Einzelne mit seinen Regeln glaubt, seine Kultur nur an solche Menschen vermitteln zu können, die verstehen, Gedanken zu lesen oder auf die richtige Art und Weise zu reagieren. Dies ist immer eine Gratwanderung auf unsicherem Terrain. Die Regeln sind so vielfältig wie die Sterne am Himmel und die Sanktionen so unvorhersehbar wie eine Fahrt mit der Geisterbahn.

Die Erinnerung an „die gute alte Zeit" folgt aus der Angst vor dem Schmerz, sich mit neuen kulturellen Spielregeln auseinander setzen zu müssen. Stattdessen zieht man sich lieber in eine Zeit zurück, wo man glaubte, dass die Regeln verstanden und die Werte geteilt wurden. „Die gute alte Zeit" ist insofern immer eine Rückschau auf die Vergangenheit, in der es naturgemäß leichter fällt, Linearität und Kontinuität zu konstruieren, als es bei einer Zukunftsschau möglich ist.

Die kulturelle Bereitschaft, Veränderungen zu fördern, ist von Organisation zu Organisation verschieden. Unternehmenskulturen, die viel Konformität verlangen, fehlt es meist an Aufnahmefähigkeit für Veränderungsabsichten.

Da werden große Reden geschwungen, was sich alles zu verändern habe, man versteigt sich sogar vonseiten des Vorstands in Parolen wie „Veränderung vorleben!", doch frönt man unvermindert weiter seiner alten Muster, die doch gerade verändert werden sollten. Selbst unter härtestem Kostendruck verzichtet das Top-Management nicht auf Einkommen (bekannte Ausnahme: Lufthansa 2001), lebt ungeniert die geliebten Statussymbole fort oder zeigt sich großzügig hinsichtlich des Umgangs mit den eigenen Kostenstellen. Das alles bleibt nicht unbeobachtet und verbreitet ein Klima der Negativität, statt positive Gefühle auszulösen. Nein, es fehlt die Bereitschaft, Verantwortung dafür zu übernehmen, dass unter dem eigenen Management eine Situation entstanden ist, die jetzt der Veränderung bedarf. Nur Manager, die bereit sind und die Entschlossenheit aufbringen, ehrlich über eigenes Mitverschulden zu reden, werden es schaffen, ein vertrauensvolles Veränderungsklima aufzubauen. Wenn ein Veränderungsprozess damit beginnt, dass das Management den Mitarbeitern Schuld zuweist oder durch Veränderungsprozesse Systeme mit höher Kontrollfunktion ankündigt, werden die Betroffenen mit Widerstand reagieren.

Ein Veränderungsklima entsteht nur dann, wenn man den anderen nicht ins Unrecht setzt und ihm zeigt, dass er weder ein Angriffziel noch ein Bösewicht ist. Wir müssen ihn bitten, uns zu helfen, die Regeln, Rituale und Leute daraufhin zu betrachten, welche Kultur sie schaffen und ob diese Kultur in der Lage ist, den neuen Herausforderungen zu begegnen.

Die Metapher von der Unternehmenspolitik

Will man alltägliche Unternehmenspolitik verstehen, so hilft die politische Metapher. Viele Menschen, die in einer Unternehmung arbeiten, erzählen im privaten Umfeld, dass sie sich von Machenschaften umgeben fühlen, mit denen verschiedene Leute spezielle Interessen verfolgen. Aber diese Aktivitäten werden selten in der Öffentlichkeit diskutiert. Die Vorstellung, dass Organisationen zweckmäßige Unternehmungen sein sollen, deren Mitglieder gemeinsame Ziele verfolgen, erscheint ihnen scheinheilig, denn ihrer Ansicht nach werden eher Köpfe verbogen, als politisch einbezogen. Deshalb werden Organisationsmitglieder, die an zweckmäßige Organisationen glauben, geradezu als gefährlich angesehen, da sie hinter bestimmten Maßnahmen politische Absichten statt rationale Erfordernisse vermuten. Kurzum, Politik gilt im Management als Schimpfwort, wenn die Mitarbeiter unterer Führungsebenen vergeblich versuchen, ihren Interessen Ausdruck zu verleihen. Auf ihrer Ebene dagegen wird Politik als die hohe Kunst verstanden, Ziele gegen den Widerstand anderer zu erreichen.

Das ist bedauerlich, denn es hindert uns oft daran zu erkennen, dass Politik ein wesentlicher Aspekt von organisatorischem Leben sein kann und nicht unbedingt ein unbequemer Faktor sein muss (Morgan 1997, S. 204). Was für die eigentliche Unruhe im Zusammenhang mit der politischen Metapher sorgt, sind die dahinter liegende unklare Interessenlage und der oft unverhältnismäßige Grad der Machtanwendung, mit der Interessen durchgesetzt werden. Wer jedoch die alltägliche politische Dynamik von Organisationen verstehen will, für den ist es notwendig, die detaillierten Prozesse, durch die sich Menschen politisch betätigen, zu untersuchen.

Der Alltag der Politik zeigt sich in Konflikten und Machtspielen, die manchmal sogar in den Vordergrund rücken, und in den zahllosen persönlichen Intrigen, die die Sachinhalte dominieren. Politik wird aber täglich und überall betrieben, oft in einer Form, die nur für die direkten Beteiligten erkennbar ist. Ein Weg, Organisationspolitik systemisch zu analysieren, besteht darin, sich auf die Beziehungen zwischen Interessen, Konflikten und Macht zu konzentrieren.

Interessen

Unter „Interessen" verstehen wir eine komplizierte Anordnung von Verhaltensweisen, die Ziele, Werte, Wünsche, Erwartungen, Orientierungen und Neigungen ausdrücken, die eine Person dazu motiviert, so und nicht anders zu handeln. Im Alltag fällt es Menschen häufig schwer, Interessen unmittelbar auszudrücken. Stattdessen werden sie durch eine Vielzahl von Nebenstrategien bewusst oder unbewusst verschleiert. Wir sind schnell zur Verteidigung oder zum Angriff bereit, um unsere Interessen zu wahren oder zu erweitern.

Es gibt eine Vielzahl von Überlegungen, um zu definieren und zu analysieren, wie diese Interessen verfolgt und verteidigt werden (Ury 1984). Eine Möglichkeit, ihre Vorgehensweisen in Organisationen zu verstehen, besteht darin, Interessen als miteinander in Verbindung stehende Bereiche zu sehen, die sich auf die Aufgabe in der Organisation, strategische Ziele und die vielfältigen Rollen aus persönlichen und privaten Kontexten beziehen. Trotz dieses komplizierten Umstandes glauben wir, dass unsere Interessen häufig missachtet oder unterdrückt werden.

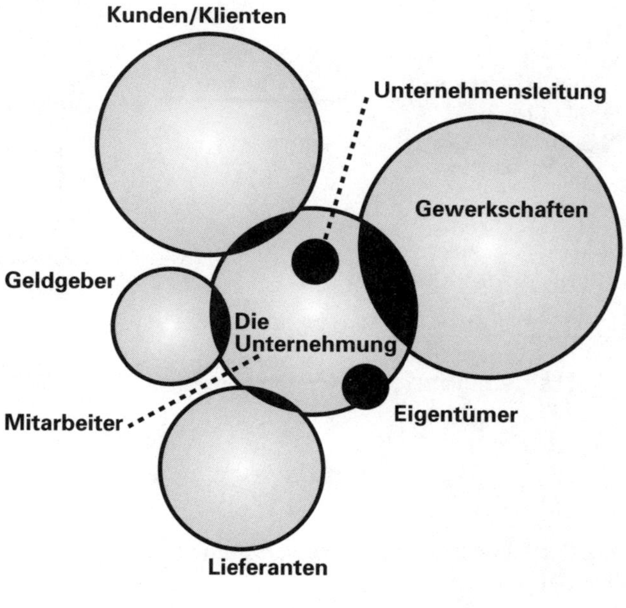

Abb. 6: Die Unternehmung und ihre Interesseninhaber

Aufgabeninteressen sind mit der Arbeit verknüpft, die zu erledigen ist. Der Disponent eines Lagers muss dafür sorgen, dass die Güter termingerecht und effizient angeliefert werden. Ein Vertriebsmanager muss seine Produktquote an den Mann bringen und Kundenkontakte aufrechterhalten. Ein Controller muss auf die Einhaltung des Budgets achten und Abweichungen ausweisen.

Diese enge Erfüllung der Aufgaben bildet die Grundlage für strategische Ziele. Sie erweitern die Bezugsebene. Strategische Überlegungen gehen über die einfache Aufgabenerledigung hinaus. Sie entwickeln sich aus einer Vielzahl von Abwägungskriterien, die den systemischen Gesamtzusammenhang der Aufgabe mit einschließen. Darüber hinaus nimmt die jeweilige Rolle, die jemand im Unternehmen innehat, und ihre Systemzugehörigkeit Einfluss. Je höher die Schnittmenge von Normen, Werten und Prinzipien, die die Unternehmung einer Rolle zugedacht hat, und je übereinstimmender die subjektive Wahrnehmung mit den eigenen Werten und Normen, desto höher ist der Grad der Werteidentifikation mit der Unternehmung.

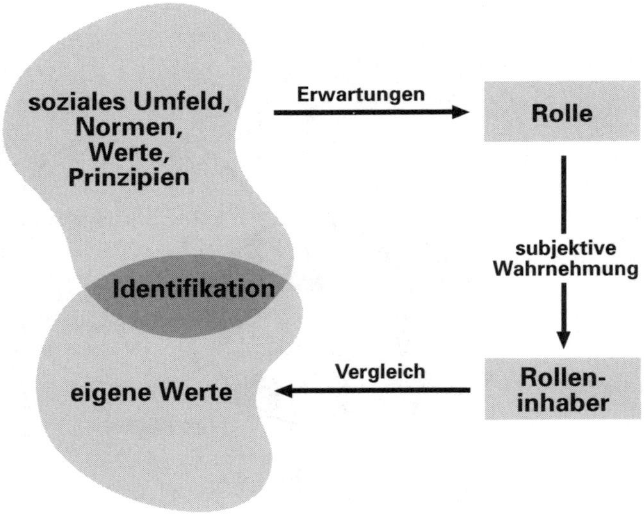

Abb. 7: Grad der Werteidentifikation von Rolleninhabern mit der Unternehmung

Dieses Beziehungsgeflecht von Aufgabe, strategischen Zielen und persönlichem Kontext wirkt in unterschiedlichem Maße mal in der oder jener Konstellation auf das Verhalten eines Managers. Dabei sind die Grenzen fließend und die möglichen Konsequenzen von der jeweiligen Konstellation abhängig. Dennoch kann die Analyse der verschiedenen Interessenbereiche eine Entschlüsselung der persönlichen Zielsetzung ermöglichen und die daraus abgeleiteten Handlungsweisen oder Aktivitäten erklären. Außerdem erhellt sich dadurch, wie die Beziehung der Menschen zu ihrer Arbeit durch ihre persönlichen Belange geprägt ist, und es können motivierende Faktoren erkannt werden, die sich auf verschiedene Arten des Karrieredenkens auswirken, unter anderem auf Risikobereitschaft, Engagement am Arbeitsplatz, Schnelligkeit oder Angst.

Auf der Basis dieser verschiedenen Kombinationen von Interessenlagen entstehen auch Koalitionen und Allianzen in Unternehmen, indem sich Gruppen zusammentun, die bei bestimmten Themen, Ereignissen und Entscheidungen kooperieren oder sich für bestimmte Werte oder Ideologien einsetzen. Manchmal entstehen solche Allianzen schlichtweg aufgrund von persönlichen Wertschätzungen oder Freundschaften. Organisationen sind Interessenkoalitionen, da sie aus Gruppen von Managern, Arbeitnehmern, Aktionären, Kunden, Lieferanten usw. und anderen offiziellen oder inoffiziellen Gruppen bestehen, die aus unterschiedlichen Interessen an der Organisation arbeiten oder in sie investiert haben und dabei unterschiedliche Ziele und Präferenzen vertreten.

Koalitionsbildung ist eine Strategie für die Durchsetzung der eigenen Interessen unter Berücksichtigung verschiedener Interessenklassen innerhalb einer Organisation. Organisationsmitglieder verwenden oft sehr viel Aufmerksamkeit darauf, mithilfe dieses Mittels ihre Macht und ihren Einfluss zu vergrößern.

In Veränderungsprozessen gilt es, die unterschiedlichen Interessenlagen zu erkennen und sie dem System in Hypothesen deutlich zu machen. Wo immer der Schwerpunkt der Interessen liegt, es ist wichtig, den Zusammenhang von Aufgabe, strategischen Zielen und den verschiedenen Rollenzugehörigkeiten dem System zurückzumelden. Je klarer die Schnittmenge aller drei Einflussbereiche aufgedeckt wird, desto größer die Chance, die Herzen der Menschen zu bewegen.

Konflikte

Konflikte entstehen, wenn Interessen in Widerspruch zueinander geraten. Die natürliche Reaktion auf einen Konflikt in Organisationen besteht im Allgemeinen darin, dass er als Störfaktor betrachtet wird. Es gilt dann, die Ursache oder einen Schuldigen zu finden. „Menschen sind so", „Der Stress ist einfach zu groß", „Leute aus der Produktion und dem Vertrieb können nie miteinander". Ein Konflikt wird als unglücklicher Umstand betrachtet, den es unter günstigen Bedingungen gar nicht gäbe.

Die Beobachtung unternehmensinterner Praxis zeigt allerdings, dass es in Organisationen immer Konflikte gibt. Sie können persönlicher oder struktureller Natur sein, können zwischen konkurrierenden Interessengruppen oder Koalitionen entstehen. Auch die durch die Unternehmung gesetzten Organisationsstrukturen, -rollen und -einstellungen, Werte, Prinzipien und Normen tragen dazu bei. Wie auch immer ihre Erscheinungsform ist, sie haben ihren Ursprung in vermeintlich oder tatsächlich widerstreitenden Interessen, auch wenn diese, wie wir vorher gesehen haben, nicht eindeutig benannt werden können.

Die Komplexität der politischen Aktivitäten einer Organisation ist verwirrend und undurchsichtig. Dabei entstehen Konflikte, die von Einzelnen oder Gruppen betrieben werden, da ihre Interessen zu wenig Berücksichtigung finden. Manchmal ist dies alles recht gut erkennbar, in anderen Situationen schwelen die Konflikte unter der Oberfläche. So können sich bei Konferenzen und Besprechungen daraus Kommunikationsstrukturen ergeben, die durch verschiedene versteckte Verhandlungstaktiken die Arbeitsatmosphäre beeinflussen, deren sich mitunter nicht einmal die Teilnehmer bewusst sind. In manchen Organisationen haben Konflikte eine lange Historie, sodass Entscheidungen und Aktivitäten von Groll oder Meinungsverschiedenheiten geprägt sind, von denen man hätte glauben können, sie seien längst vergessen oder beigelegt.

Organisationsentwicklungsprozesse müssen sich mit großer Sorgfalt diesen Konflikten stellen und ihre Hintergründe beleuchten. Dabei muss nicht immer das Ziel sein, die Konflikte beizulegen, dies bedarf mitunter ganz anderer Maßnahmen, sondern es kann genügen, sie in ihrer Wirkung zu berücksichtigen. Häufig klären sich Konflikte alleine schon dadurch, dass veränderte Kommunikationsstrukturen und Prozessteuerungen Interessen befriedigen, die in vielen Schlichtungsgesprächen nicht zu klären waren. Hier liegt eine große Chance, wenn es einer Führungskraft gelingt, eine Neustruktur Gewinn bringend umzusetzen und auf die bessere Berücksichtigung der Interessen zu achten.

Macht

Macht ist die letzte Instanz, mit deren Hilfe Konflikte gelöst werden, wenn sich die unterschiedlichen Interessen der Beteiligten nicht friedlich ausbalancieren lassen. Macht entscheidet darüber, wer was wann und wie erreicht.

In den letzten Jahren haben Organisations- und Managementtheoretiker mehr und mehr die Bedeutung von Macht bei den politischen Vorgängen in Organisationen erkannt. Es ist jedoch zu keiner klaren, in sich schlüssigen Definition von Macht gekommen. Die meisten Organisationstheoretiker halten sich an die Definition des amerikanischen Politologen Robert Dahl, wonach Macht mit der Fähigkeit zu tun hat, jemanden dazu zu bringen, etwas zu tun, das er sonst nicht getan hätte. Es gibt in Organisationen eine Vielzahl von Machtquellen, die die Ausübung von Macht möglich machen (vgl. Morgan 1997, S. 228):

1. Offizielle disziplinarische Über- und Unterordnung

Offizielle disziplinarische Überordnung bedeutet, eine hierarchisch-strukturelle Stelle innezuhaben, durch die eine Anordnungsbefugnis hinsichtlich Menschen und Mittel möglich ist.

2. Verantwortung über Ressourcen

Dies meint die Befugnis, Ressourcen wie Geld, Material, Technologie, Personal und die Beziehung zu Kunden, Lieferanten, Banken oder anderen Interessengruppen zu steuern.

3. Kontrolle über Entscheidungsprozesse

Kontrolle über Entscheidungsprozesse bietet die Möglichkeit, Ergebnisse von Entscheidungsprozessen beeinflussen zu können.

4. Steuerung von Sachwissen und Information

Steuerung von Sachwissen und Information bedeutet die Einflussnahme auf die Fokussierung, Interpretation und Bewertung von bestimmten Inhalten von Sachwissen und Informationen, durch die Entscheidungsprozesse nachhaltig gesteuert werden können.

5. Kontrolle über Schnittstellen

Die Kontrolle über Schnittstellen bezieht sich auf die Schnittstellen zwischen verschiedenen Teilen der Organisation und das Überwachen und Lenken entsprechender Transaktionen an diesen Grenzen.

6. Kontrolle über Technologie

Kontrolle über Technologie bedeutet die Beherrschung der Technik zur Manipulation und Kontrolle und damit zur Beeinflussung der Umwelt.

7. Allianzen, Netzwerke und Seilschaften

Allianzen, Netzwerke und Seilschaften sind Freunde in höheren Etagen, Sponsoren, Mentoren, Koalitionen von Leuten, die bereit sind, Unterstützung und Gefälligkeiten zur Verfolgung ihrer individuellen Ziele zu leisten.

8. Gegenorganisationen

Gegenorganisationen, wie beispielsweise Gewerkschaften oder andere Interessenverbände, können einen konkurrierenden Machtblock bilden.

Machtstrukturen schaffen asymmetrische Abhängigkeitsstrukturen zwischen Personen und Gruppen. In Veränderungsprozessen gilt es, darauf zu achten, wie diese Machtverhältnisse zueinander angeordnet sind. Wir werden später noch sehen, dass Netzwerke und Allianzen Machtquellen darstellen, die meist verborgen wirken. Häufig können Maßnahmen nicht auf den Weg kommen, da geheime Absprachen getroffen wurden, die für außen Stehende nicht zugänglich sind.

Für diejenigen, die Veränderungsprozesse führen, ist es eine große individuelle Herausforderung, nicht dem Fehler zu verfallen, etwaige entdeckte Machtstrukturen auflösen zu wollen. Dies ist nicht die Zielsetzung von Organisationsentwicklung. Machtstrukturen sind das Ergebnis von Organisations- und Interessenstrukturen. Ihre Wirkung begründet sich aus Notwendigkeiten, die aus der Innensicht einer Organisation resultieren. Die Besonderheit dieser Problematik wird noch zu erörtern sein.

Die Metapher von der Überlegenheit durch schnelle Informationsverarbeitung

Ein Schwerpunkt der Forschung im Bereich der Biologie konzentrierte sich Mitte der 1960er-Jahre auf die Frage: Wie funktioniert das Gehirn? Insofern lässt sich auch für die Organisationsentwicklung eine interessante oder faszinierende Frage ableiten: Ist es möglich,

Organisationen so zu gestalten, dass sie ebenso flexibel, beweglich und einfallsreich funktionieren wie Gehirne?

Viele Bilder, die wir von uns und von der Welt haben, basieren auf der Vorstellung vom Gehirn als informationsverarbeitendem System, das Entscheidungsprozesse herbeiführt. Entsprechend verfolgte die Organisationstheorie diesen Schwerpunkt parallel zur Biologie. Demnach ist eine Organisation ein Informationssystem und, damit verbunden, auch gleichzeitig ein Kommunikationssystem. Die ersten Überlegungen zur Informationsverarbeitung und Entscheidungsfindung bei der Gestaltung von Organisationen gehen zurück auf die 1940er-, 1950er-Jahre und sind mit dem Namen des Nobelpreisträgers Herbert Simon und seinen Kollegen verknüpft (H. A. Simon 1957, S. 47 ff.). Bei den Untersuchungen der Parallelen zwischen menschlichen Entscheidungsprozessen und organisatorischen Entscheidungsfindungen kam Simon zu dem Schluss, dass Organisationen niemals vollkommen rational sein können, weil ihre Mitglieder über begrenzte Informationsverarbeitungssysteme verfügen (vgl. auch Kirsch 1971a, S. 87 ff.). Unvorhersehbare Aufgaben erfordern von den Entscheidungsträgern mehr Informationsverarbeitung. Je größer die Unsicherheit, desto schwieriger ist es, durch Vorausplanung eines Ergebnisses eine Handlungsweise festzugelegen und zum Routineablauf zu machen. Durch den Mangel an ausreichenden Informationen erklärt sich, warum Organisationen in unterschiedlichen Aufgabensituationen unterschiedliches Gewicht auf Regelungen, Programme, Hierarchien und Ziele legen. Der Grad des Formalismus beschreibt den Umfang der Unsicherheit. Die Regelung von Entscheidungsprozessen in Organisationen wird zu einem Prozess der Einschätzung der individuellen Verarbeitungsfähigkeiten bezüglich Informationskomplexität (Kirsch 1971b, S. 94 ff.).

Die Entscheidungsfindung hat so zu einem neuen Denkmodell über das Verhalten von Organisationen geführt und zu einem neuen Verständnis der Organisationsgestaltung beigetragen. Die Idee der Organisation als Informationsverarbeitungssystems drängt eine weitere Folgerung auf, die auf lange Sicht möglicherweise noch bedeutsamer ist. Wenn spezifische Organisationsformen tatsächlich ein Produkt oder eine Reflexion von Kapazität zur Informationsverarbeitung sind, wie Herbert Simon dies behauptet, dann kann die These aufgestellt werden, dass andere oder veränderte Kapazität zu neuen Organisationstypen führt. In Wirtschaftsbranchen, in denen die

Informationstechnologie (IT) eine vorrangige Rolle übernommen hat, lässt sich das schon feststellen. Die Einführung von Computern und Mikroprozessoren hat radikale Veränderungen in Charakter und Stil von Organisationen hervorgerufen. Ein Beispiel sind die weitestgehend elektronisierten Kommunikationsprozesse zwischen Kunden und Bankinstituten. Viele Funktionen, die früher gelernte oder angelernte Arbeitnehmer ausübten, werden heute elektronisch ausgeführt, wodurch ganze Organisationsebenen überflüssig, andere dagegen bedeutsamer werden.

Beziehungsnetzwerke zwischen Menschen werden von „Schnittstellen" zwischen elektronischen Maschinen verdrängt, an deren Schaltstellen eine ganz neue Berufsgruppe von Operatoren, Programmierern und anderen Informationsspezialisten sitzt. Auch der Kunde ist eine Schnittstelle, die manchmal den Umfang der Elektronifizierung nur schwer akzeptieren kann. Aber da es am Markt keine Alternativen zu dieser Entwicklung gibt, hilft alles Stöhnen nichts. Der IT-Adler zeiht über den Köpfen langsam seine Kreise.

Folgt man dieser Entwicklung, wird auf lange Sicht Organisation gleichbedeutend mit Informationssystemen, die keiner physisch vorhandenen menschlichen Organisation mehr bedürfen. Diese neue Technologie ermöglicht sowohl die Dezentralisierung der Arbeit als auch ihre Kontrolle. Wobei einschränkend bemerkt werden muss, dass die Informationstechnologie mehr und mehr ein wildes Gewächs von Insellösungen wird. Dadurch wird das Handling der Schnittstellen, an denen die verschiedenen Systemwelten aufeinander stoßen, das eigentliche Problem. Einige Unternehmungen versuchen, es zu lösen, indem sie eine zentrale Steuerung aller elektronischen Informationsverarbeitungssysteme einrichten, um einheitliche Vorgaben und Richtlinien sicherzustellen. Andere wagen den Sprung in eine neue und durchgängige Gesamtlösung, indem sie Schritt für Schritt die Insellösungen integrieren. Wieder andere führen parallele Kontrollsysteme ein, die jene Einzellösungen controllen.

Maßnahmen zur Organisationsentwicklung ziehen sich aufgrund der vielfältigen Thematiken unterschiedlicher Informationsverarbeitungssysteme mitunter eine sehr komplexe Problematik zu. Traut man den Aussagen derjenigen, die mit einer bestimmten Technologie arbeiten, so sind Anpassungsarbeiten vonseiten der IT-Welt bei laufendem Betrieb meist unüberwindliche Hürden. Auch Geschäftsleitungen neigen dazu, sich dem Diktat der Technologie zu beugen. In unserer Praxis erleben wir hier eine weitere Herausforderung bei Veränderungsprozessen. Leider verspricht der Slogan von IT-Anbietern, *Keep it simple!*, mehr, als er zu halten in der Lage ist. Da die Funktionsträger einer Organisationseinheit kaum überblicken können, inwieweit ihre Entwicklungswünsche wirklich technisch rational zur Umsetzung gebracht worden sind, bedient man sich hier wiederum einiger externer Spezialisten, die diese Transformation überwachen und beurteilen. Selbst die Frage nach der Angemessenheit und dem Umfang einer IT-Maßnahme lässt sich kaum noch kalkulieren. Gängige Praxis ist, während eines IT-Prozesses den kalkulierten Umfang nachzubessern, da sonst der weitere Erfolg infrage gestellt wäre. Das wird nötig, da man angeblich während der Arbeit zusätzliche Problemfelder identifiziert hat, die vorher noch nicht bekannt waren.

Wir stehen heute solchen im eigentlichen Sinne vollkommen unprofessionell geführten IT-Prozessen relativ machtlos gegenüber. Vor einiger Zeit hatte ich die Gelegenheit, eine Reihe von IT-Managern zu coachen. Die Komplexität ihres Metiers beherrschen sie nicht mehr. Ihre Welt ist in Spezialwelten zerteilt, in denen jeweils eigene Könige, aber manchmal auch Dilettanten regieren. Die Projektführung solcher komplexen Prozesse vertraut man jungen Experten an. Sie haben meist auf einem Teilgebiet hohe Kompetenz, doch weder ausreichende Erfahrung für die Vielfältigkeit der Anforderungen von Unternehmensprozessen noch die persönliche Reife, die unterschiedlichen Charaktere der IT-Welt mit den Menschen zu verbinden, die sie bedienen sollen (vgl. auch Houllebecq 2002). Ergebnis einer solchen Entwicklung sind aufgeblähte, überteuerte und unzuverlässig geführte IT-Prozesse. Wir befinden uns in den Händen von Softwarefirmen, die angeblich jenes Know-how vorhalten, das die Unternehmen dringend benötigen. Diese Entwicklung ist nicht mehr zu stoppen. Schwer ist die Arroganz jener zu ertragen, an denen unsere Absichten, Veränderungsprozesse umzugestalten, scheitern, indem sie schlichtweg behaupten: „Das lässt sich IT-seitig nicht darstellen." Leider können wir das Gegenteil nicht beweisen oder bezahlen!

Dieser Prozess sorgt für wachsende Unruhe in Unternehmen, da sich so manches Management diesem Prozess ohnmächtig ausgeliefert sieht. Jede Organisationsveränderungsmaßnahme braucht hinsichtlich der damit verbundenen Informationsverarbeitungssysteme eine sorgsame Steuerungsarchitektur, die mit klarem Projektmanagement frühzeitig das Zusammenspiel mit den IT-Spezialisten im Auge hat. Grundsätzlich gilt es zu beachten, dass alle mit der Informationstechnologie verbundenen Fragestellungen nicht zu überschätzen sind, aber auch nicht durch falsch verstandenes Machertum zur Seite gedrängt werden dürfen. Fingerspitzengefühl in der internen Kommunikation, sorgsame Analyse, Branchenvergleiche, Prüfung marktbekannter Lösungen, eine saubere Budgetierung und der Einsatz von externen Beratern als Projektleiter sind hier hilfreich. Allerdings: Der Wunsch, rekonstruieren zu wollen, was Kolonnen von Programmierern entwickelt, vercodiert, verknüpft und unprofessionellerweise verkompliziert haben, muss zu Grabe getragen werden. Im IT-Bereich hilft uns nur Mut und Gottvertrauen, den mystischen Weg des Weitertastens, Anschleichens und Verschwendens von nicht controllbaren Programmierkosten fortzusetzen.

Der Mythos von der „Lernenden Organisation"

Jede Unternehmung träumt davon, dass sich bestimmte Fehler, die einmal in der Organisation gemacht wurden, nicht wiederholen. Da für Unternehmen erschwerend hinzukommt, dass Entscheider häufig ihren Platz wechseln und damit ganze Prozessabschnitte ständig neu angelegt und Fehler bereinigt werden müssen, ist man vor der Idee der „Lernenden Organisation" begeistert.

Dass sich hinter diesem Begriff allerdings eine sehr komplexe Wissenschaftstheorie verbirgt, war dabei vielen begeisterten Unternehmensführern nicht klar. Insoweit war die Enttäuschung groß, wenn unter dem Titel „Lernende Organisation" komplexe Methodendiskussionen im Unternehmen angestoßen wurden, die selbst vor den politischen Einflussgrößen der Geschäftsleitung keinen Halt machte.

Heute ist die Lernende Organisation kein interessantes Thema mehr für die Unternehmenspraxis. Man ahnt, dass die Transparenz, die die Methode schafft, zu viele politische Legitimationsfragen auslöst, und wer will das schon. Wie kam es zum Begriff Lernende Organisation?

Im Zusammenhang mit der Forschung an Künstlicher Intelligenz stellte sich die Frage, wie sich Systeme entwickeln ließen, die wie Gehirne lernen. In diesem Zusammenhang entstand 1940 eine neue wissenschaftliche Disziplin unter dem Namen „Kybernetik" (Kirsch 1971b, S. 76 ff.). Sie setzte sich zur Aufgabe, den Zusammenhang von Information, Kommunikation und Kontrolle zu klären. Leitfigur dieses Prozesses wurde der am *Massachusetts Institute for Technology* tätige Mathematiker Norbert Wiener (vgl. 1963). Kybernetik leitet sich von dem griechischen Begriff *kybernetes* ab, der „Steuermann" bedeutet. Die Griechen verstanden darunter die Kunst der Steuerung und Navigation von Schiffen und erweiterten diesen Begriff auch auf das Regieren und die Anwendung der Staatsmacht aus. Wiener nutzte den Begriff, um den Prozess des Informationsaustausches von Maschinen und Organisationen als sich selbst regulierende Prozesse zu beschreiben, die in der Lage sind, sich so zu steuern und zu regeln, dass sie einen gleich bleibenden Zustand aufrechterhalten können.

Im Mittelpunkt von Wieners Theorie steht die Erkenntnis, dass Selbstregulation auf der Fähigkeit des negativen Feedbacks beruht. Diese Analogie ergibt sich aus der Technik der Steuerung. Wenn beispielsweise ein Schiff vom Kurs abkommt, wird es durch eine Steuerungsbewegung in die entgegengesetzte Richtung wieder stabilisiert. Entsprechend reagieren Systeme, die mit negativem Feedback gesteuert werden; es wird innerhalb einer bestimmten Bandbreite eine Norm als Grenze festgelegt, die, falls sie überschritten wird, eine automatische Gegenbewegung zur Balancierung des Zustands einleitet.

Anhand dieser Theorie lassen sich eine Vielzahl von routinemäßigen Verhaltensteuerungen erklären. Versuchen wir beispielsweise, einen Gegenstand vom Boden aufzuheben, so nehmen wir an, dass unsere Hand vom Auge zielgerichtet geführt wird. Die Kybernetik erklärt dies als einen Vorgang der Fehlerbeseitigung, bei dem die Abweichungen zwischen Hand und Gegenstand in jedem Stadium des Vorgangs immer weiter verringert werden, bis der Vorgang abgeschlossen ist. Wir heben den Gegenstand auf, indem wir vermeiden, ihn nicht aufzuheben.

Bateson (1972, S. 215 ff.) hat diesen Prozess der Rückkopplung anhand des Beispiels eines von einem Thermostaten kontrollierten Heizsystems beschrieben: Wenn die Temperatur unter eine definierte Grenze fällt, auf die der Thermostat eingestellt ist, springt der Brenner an. Die vorangegangene Tätigkeit ist hier das Erkalten der Wohnung, die als Information genutzt wird, um eine Regelung auszulösen.

Auch unsere Körpertemperatur wird dadurch gesteuert, dass vom zentralen Nervensystem Maßnahmen ausgelöst werden, die beispielsweise dazu führen, dass wir uns langsam bewegen, schwitzen und tief atmen, um Veränderung in die entgegengesetzte Richtung zu bewirken. Bei Kälte beginnen wir, zu zittern oder mit den Füßen zu stampfen: Wir versuchen, unsere Körpertemperatur zu erhöhen und sorgen so dafür, dass unsere Körperfunktionen innerhalb von Grenzen ablaufen, die zum Überleben notwendig sind.

Kybernetik bringt uns so einer Kommunikations- und Lerntheorie näher, die vier Hauptprinzipien vertritt:

1. müssen Systeme die Fähigkeit haben, bedeutende Aspekte ihrer Umwelt zu erfassen, zu überwachen und zu überprüfen.
2. müssen sie diese Informationen in Beziehung zu den funktionalen Normen setzen, die das Systemverhalten leiten.
3. müssen sie bedeutsame Abweichungen von diesen Normen erkennen können, und
4. müssen sie in der Lage sein, Korrekturmaßnahmen einzuleiten, wenn Diskrepanzen festgestellt werden.

Auf der Basis dieser vier Bedingungen kann ein ständiger Informationsaustausch zwischen System und Umwelt organisiert werden und auf eine intelligent, sich selbst regulierende Weise agieren. Die Lernfähigkeit ist jedoch in ihren Handlungsweisen genau auf die Grenzen normiert, die durch Standards per Definition vorgeben sind. Umso wichtiger ist es, hierbei auf die sorgsame Formulierung der Normen und Standards zu achten, damit sich das System selbst ausreichend stabilisieren kann. Das hat dazu geführt, dass moderne Kybernetiker eine Unterscheidung zwischen dem Vorgang des Lernens und dem des Lernens, wie man lernt, treffen. Einfache kybernetische Systeme, wie Hausthermostate, sind in dem Sinne lernfähig, dass sie Abweichungen von einer bestimmten Norm feststellen und korrigieren können. Aber sie können nicht die Angemessenheit ihres Vorgehens infrage stellen. Auf gerade dieser Fähigkeit, ihre eigenen Normen und Standards zu hinterfragen, beruhen die Vorgehensweisen von Systemen, die in der Lage sind, das Lernen zu lernen und sich selbst zu organisieren.

Das Lernen mit Feedbackschleifen beruht auf der Fähigkeit, Fehler mit Bezug auf eine definierte Anzahl von Standards, Normen und Handlungsanweisungen festzustellen und selbstständig zu korrigieren. Diese Sichtweise ist unmittelbar mit der Frage verbunden, welche innere Struktur Standards und Normen haben. Damit wird auch deutlich, dass lernende Organisationen ein Wissen von der Struktur der Normen und Standards brauchen. Und genau dies im Unternehmen zum Gegenstand eines Dialoges zu machen zeigt die Grenzen der Belastbarkeit einer politisch-hierarchischen Organisationsstruktur auf.

Systeme und Feedback

Ein weiterer Grundpfeiler der Idee einer lernenden Organisation ist der Versuch, die Komplexität der Unternehmung als System beobacht- und beschreibbar zu machen.

Ein System ist eine Menge von Komponenten, die ein komplexes Ganzes bilden, ein Ganzes, das mehr ist als die Summe seiner Teile. Betrachtet man verschiedene Systeme, so stellt man vielfältige Unterschiede fest. Gregory Bateson (vgl. etwa 1972) bezeichnet Systeme als Interaktionsmuster, die durch mehrere Rückkopplungsschleifen repräsentiert werden.

Systemisches Denken ist dementsprechend der Weg, beobachtbare Verhaltensmuster, denen man in Organisationen begegnet, zu beschreiben und zu erklären. So geht es vor allem um das Entdecken von Rollenverhalten und seiner Muster bei Konflikten, Fehlern, Teamstrukturen und -prozessen oder bei der Benennung von Werten und der Art, wie Probleme zu lösen versucht werden.

Diese Sicht der Kombination von Systemen und Rückkopplungsschleifen ermöglicht ein Feedback, das eine Erklärung für positive und negative Lösungen zulässt. Die Entdeckung derartiger Strategien verhilft dazu, neue oder veränderte Modelle zu konstruieren. Dies ist der Prozess der Beobachtung, Modellbildung (Hypothesenbildung) und Intervention, der für Organisationsentwicklung notwendig ist.

Will man ein Konzept von Systemen als ein solches von Rückkopplungsschleifen verstehen, ist es notwendig, zwischen linearen und zirkulären (oder rekursiven) Interaktionsprozessen zu unterscheiden.

Betrachtet wir beispielsweise den Vorgang des Füllens eines Gefäßes mit Wasser aus einer Wasserleitung. Ständig geschieht hier eine Rückkopplung zwischen der Hand, die eine Dosierung der Wassermenge am Hahn vornimmt, dem Auge, das die Wasserhöhe misst, und der anderen Hand, die das Gewicht des Gefäßes fühlt. Alle Komponenten bilden ein System, das gegenseitig Informationen austauscht, um einen zielgerichteten Vorgang durchzuführen (Senge 1996, S. 83 ff.).

Abb. 8: Rückkopplungsschleifen bei einer Wassermengendosierung

Systemisches Denken und Handeln ist eine der grundlegendsten Fertigkeiten im Veränderungsmanagement. Es gilt zu erkennen, wie systemische Kreisläufe funktionieren, um die Strategie ihrer Wirkungsweise zu verstehen und gegebenenfalls auf sie einwirken zu können.

Norbert Wiener (1963, S. 84) definierte solche Rückkopplungsprozesse folgendermaßen: „Feedback ist eine Methode zur Regelung eines Systems, indem man die Ergebnisse der vorangegangenen Tätigkeit wieder in das System eingibt."

Organisationsentwicklung ist nur möglich, wenn alle am Prozess beteiligten Systeme und ihre Elemente identifiziert und als Feedbackgeber in den Veränderungsprozess mit eingebunden werden.

Positives Feedback

Es gibt zwei Arten von Feedback, positives und negatives. Positives Feedback führt zu Eskalation, negatives zu Gleichgewicht.

Positives Feedback zeigt sich z. B., wenn zwei Unternehmen um den gleichen Kunden kämpfen. Der eine beginnt mit 5 % Rabatt, worauf der Nächste 6 % gewährt, woraufhin der Erste dann 7 % gibt usw. Wir belächeln manchmal solche Fälle, doch sie zeigen die Art der Eskalation. Watzlawik nennt dieses Muster die „Mehr-desselben"-Lösung (1974, S. 31 ff.). Der Versuch, ein Problem zu lösen, besteht dabei darin, ein Rezept zu wiederholen oder zu verstärken, das bis dahin schon auch nicht funktioniert hat. Manchmal ist es zwar ratsam, die Dosierung von Medikamenten zu erhöhen. Watzlawik schildert jedoch auch das Beispiel einer Frau, die annimmt, ihr Mann verheimliche ihr etwas. Dass sie ihn intensiv befragt und zu überprüfen beginnt, was er gemacht hat, findet er aufdringlich, und verschließt sich, je mehr sie fragt. Selbst harmlose Informationen hält er zurück, um „ihr eine Lehre zu erteilen". Auf diese Weise steigert sich das Misstrauen der Frau noch weiter, sie bedrängt ihn noch mehr usw.

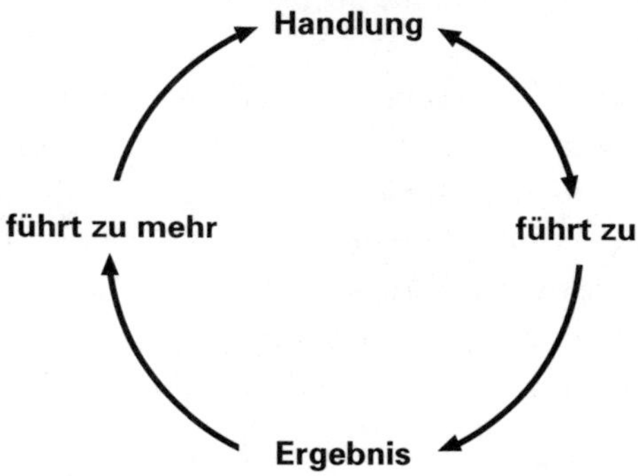

Abb. 9: Positives Feedback

Bateson (1972, S. 219 ff.) unterscheidet beim positiven Feedback zwei unterschiedliche Systemarten: symmetrische und komplementäre Verläufe. Das Beispiel der Rabattvergabe beschreibt einen symmetrischen Verlauf: Je mehr der eine vorgibt, desto mehr legt der andere zu. Eine pathologische Abhängigkeitsbeziehung, wie oben beschrieben, zeigt sich komplementär: Je mehr die Frau fordert, desto weniger kommt ihr der Mann entgegen.

Diese Form der Eskalation mündet irgendwann in einen Zustand, den Bateson als „Schismogenese" bezeichnet und der „gespaltene Produktion" bedeutet (vgl. McCaughan et al. 1997, S. 80 ff.). Es kommt zu einer Spaltung, bei der ein System im extremsten Fall zerstört wird. Glücklicherweise gibt es Alternativen zur Schismogenese, nämlich dann, wenn eine Art Sicherung den Prozess der Eskalation unterbricht, verlangsamt oder neutralisiert. Selbsterschöpfung, Überlastung, Unwohlsein können mögliche Auslöser für die Aufgabe der Eskalation sein.

Wir erinnern uns dabei an Westernfilme, in denen zwei Cowboys so lange aufeinander einschlagen, bis schließlich beide umfallen, ohne dass der Kampf einen Sieger hätte. Gleiches gilt für Konkurrenten, die sich mit Preisnachlässen so lange unterbieten, bis beide Parteien ausgebrannt sind. Es gibt Beispiele im Vertrieb von Lkws in Europa, dass auf den Neupreis bis zu 50 % Rabatt gewährt werden. Keines der dabei konkurrierenden Unternehmen kann den Marktkampf aufgeben. Die Verluste werden über den Gesamtkonzern kompensiert. Schließlich bringt eines der Unternehmen ein neues Produkt auf den Markt. Es hat dann so lange einen Vorteil, bis andere auch ein neues Produkt auflegen und somit das Spiel von vorne beginnt.

Wenn es darum geht, Lernerfahrungen transparenter machen zu wollen, müssen wir zunächst berücksichtigen, dass viele unternehmerische Prozesse derartig komplex sind, dass sie nur schwer in Feedbackschleifen dargestellt werden können. Dennoch kann sichtbar werden, wie bestimmte Grundmuster von Verhaltensweisen einen problematischen Zustand verschlimmern und wie eine korrigierende Handlung ihn verbessert (McCaughan et al. 1997, S. 85).

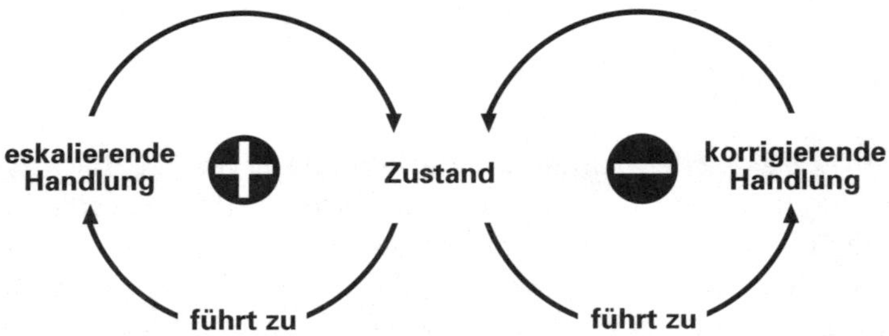

Abb. 10: Eskalation und Deeskalation

Die in Abbildung 10 dargestellten Muster finden wir häufig in Unternehmen. Über eine gewisse Zeit werden die Hähne immer weiter aufgedreht, plötzlich ist ein Sättigungsgrad erreicht, und es muss gebremst werden. Dieses Hin- und Herschwanken (Oszillieren) zeigt sich häufig in Situationen, in denen einer Sache nur durch Versuch und Irrtum beizukommen ist. Der entscheidende Schritt beim Lernen in „Doppelschleifen" (Agyris 1997, S. 58 ff.) beruht in der Nutzung der Fähigkeit, auf Distanz zum System selbst zu gehen, indem man Bedeutsamkeit einer Handlungsanweisung hinterfragt. Diese dissoziierte Position nennen wir Metaposition.

Lernen in Doppelschleifen kann sich nur dann entwickeln, wenn wir kritisch darüber nachdenken, ob ebendiese bestehenden Normen und Bestimmungen als Handlungsrichtlinien wichtig und erwünscht sind. Um dies fragen zu können, brauchen Menschen und Systeme Methoden, die ihnen eine Systematik der Beobachtung, Interpretation und Bewertung gewährleisten.

Negatives Feedback

Negatives Feedback korrigiert Abweichungen von einem normativen Zustand. Solche Korrekturmechanismen kennen wir vom eigenen Körper, der für eine mehr oder weniger ausgeglichene Temperatur sorgt und z. B. beim Radfahren ständig zwischen rechter und linker Seite ausgleicht, damit wir nicht umfallen (McCaughan et al. 1997, S. 83 ff.). Ziel des negativen Feedbacks ist es, den Abstand zwischen aktuellem Zustand und Norm so gering wie möglich zu halten.

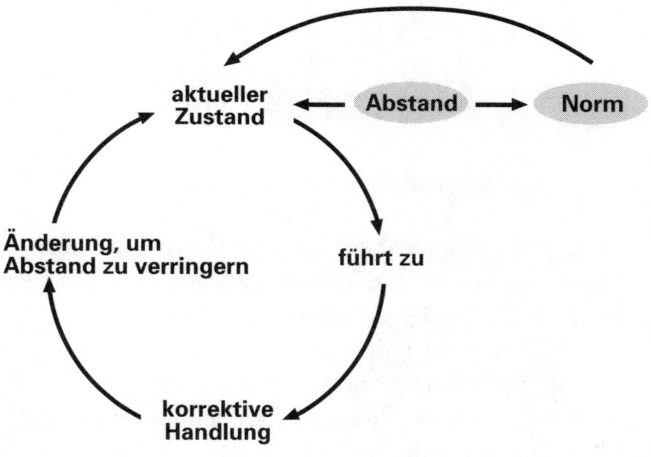

Abb. 11: Negatives Feedback

Mit diesem System der Steuerung sind viele Managementaufgaben verbunden, bei denen es letztendlich darum geht, die richtige Balance durch Zielvorgaben, Regeln und Kontrollen zu erreichen, die als gesetzte Korrekturgrößen auf festgestellte Abweichungen reagieren.

Während Abbildung 11 mehr die Störung an sich darstellt, geht es in Abbildung 12 mehr um die Verteilung der Managementaufgaben, die einen solchen Prozess benötigen.

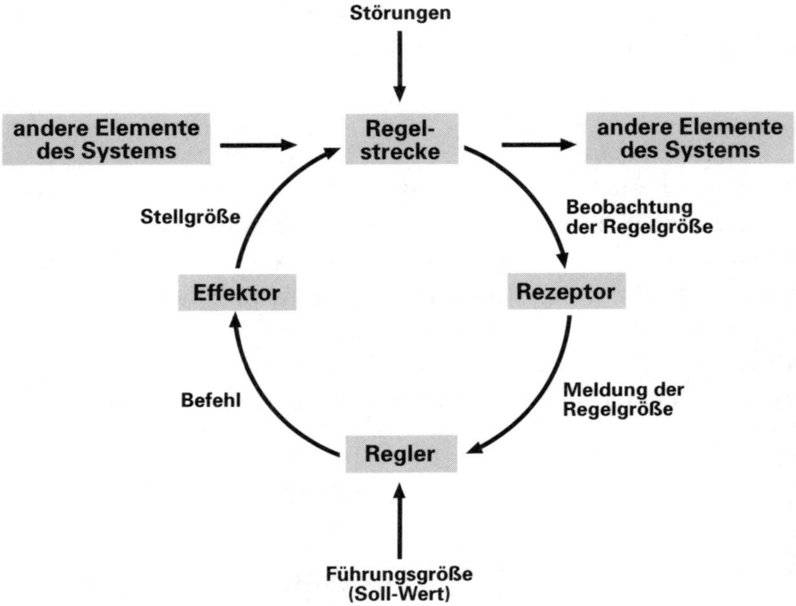

Abb. 12: Managementaufgaben bei Feedbackschleifen

Das Management muss zunächst einen Prozessabschnitt (Regelstrecke) der Definition von anderen Prozessen (anderen Elementen) unterscheiden. Als Nächstes braucht der Prozessabschnitt eine zu beobachtende Norm und eine Rezeptur, die die Norm auch nach beobachtbaren Kriterien wahrnehmen kann (vgl. Abb. 11). Wenn das sichergestellt ist, kann der Rezeptor Versuche zu einem geforderten Soll-Wert (Führungsgröße) anstellen. Jetzt wechselt die Managementqualität dergestalt, dass das System durch Steuerungsbefehle eingestellt werden muss. Diese andere Qualität bedeutet den Übergang vom Rezeptor zum Effektor. Nur sie ist in der Lage, von der Beobachtung und Interpretation (Führungsgrößenabweichung) zur Handlung zu kommen (vgl. „Leiter der Schlussfolgerungen", S. 45). Nur dieser Befehl, etwas zu unternehmen, schafft neue Stellgrößen, die in der Lage sind, auf die Regelstrecke Einfluss zu nehmen. Dieses Modell zeigt deutlich, dass zwischen Beobachtung und Handlung ein Qualitätswechsel stattfindet, der auch im Management häufig zu beobachten ist: Nicht jeder, der etwas beobachtet, ist in der Lage, diese Beobachtung auch in Befehle und Handlungsanweisungen umzusetzen. Dies wird häufig in der Praxis übersehen. Nicht jeder gut ausgebildete Analyst ist ein guter Umsetzer, und nicht jeder ärmelaufrollender „Macher" versteht es, dem System die Impulse zu geben, die es braucht.

Diese Form der Regelung kann es allen Beteiligten leicht machen, sich auf eine Vorgehensweise im Umgang mit einem Phänomen zu einigen, ohne dass jedes Mal von neuem ein Lösungsweg gesucht werden muss.

Wir finden hier einen grundlegend anderen Zugang zu Planungsvorgängen. Während die herkömmliche Philosophie darin besteht, einen Plan mit klar gesetzten Zielen zu erstellen, behauptet die Kybernetik, dass es, systemisch gesehen, klüger sein könnte, sich darüber hinaus auch auf die Definition und Hinterfragung von Beschränkungen einzulassen. Eine intelligente Strategiebildung umfasst also auch eine Auswahl von Begrenzungen (sozusagen kritische Größen, die man mithilfe des negativen Feedbacks vermeiden möchte) und nicht nur eine Auswahl an Zielsetzungen. Anstatt nur die Profitziele und erwünschten Marktanteile zu bestimmen, sollte eine Organisation auch vorausplanen, was sie vermeiden möchte, zum Beispiel übermäßige Abhängigkeit von einem Produkt- oder Marktsegment, übermäßiges Vertrauen in eine bestimmte Materialquelle, Inflexibilität der Produktionssysteme oder Entlassen von Angestellten. Dieser Strategieeinsatz bewirkt, dass der Spielraum der möglichen Handlungen definiert wird, die den kritischen Grenzen genügen.

Insbesondere bei der Strategieentwicklung im Zusammenhang mit Veränderungsprozessen, Businessplänen und Kennzahlenverfahren sind kybernetische Methoden von großem Erfolg, da sie die Beweglichkeit der Systeme erhöhen. Die so definierten Grenzen und Abweichungsszenarien schaffen Handlungsräume für selbst organisiertes Arbeiten.

Dieser Weg kann jedoch Mitarbeiter auch erschrecken, da er im Gegensatz zum Ausschließlichkeitspostulat der Zielphilosophie große Freiräume eröffnet, die in so mancher Unternehmenskultur und politischen Interessenlage eher Verunsicherung auslösen als für Motivation sorgen. Dennoch erzählen viele Geschichten erfolgreicher Unternehmensaktionen von einem Management, das seine Mitarbeiter zu größerer Selbstständigkeit *(empowerment)* erzogen hat. Dabei wird geschildert, wie Rückdelegationen von Entscheidungen und Verantwortungsverweigerung durch darüber liegende Hierarchieebenen dazu führten, dass im Rahmen gesetzter Grenzen Eigenverantwortung gelernt werden konnte. Zu einer solchen Idee gehört allerdings auch ein Management, das die Wege zur Zielerreichung weitgehend toleriert. Dies ist leider häufig nicht der Fall. Die Beweglichkeit der Systeme wird dadurch verringert, dass das Management auch die Hoheit des Wissens über den richtigen Weg zum Ziel für sich in Anspruch nimmt.

Während der Umsetzung gilt die Aufmerksamkeit der eingeleiteten Maßnahme und den damit verbundenen systemischen Effekten. Welche korrigierenden Handlungen kann die Führungsebene bereithalten, und mit welcher Verzögerung greifen sie? Die Vertrauenswürdigkeit einer Führungsmannschaft in einem Veränderungsprozess wird in großem Maße an ihrer Reaktionsfähigkeit festgemacht. Alle relevanten am Prozess beteiligten Systeme beobachten gerade diesen Mechanismus sehr genau.

Unserer Erfahrung nach werden in dieser Phase die größten Fehler gemacht. Mit viel Druck beginnen die in den Handlungsfeldern engagierten Mitarbeiter Effekte zu erzielen. Das Management will eine möglicherweise überzeichnete Maßnahme nicht bremsen, da sie sich eine große Motivationskraft davon verspricht. Die sich im System selbst, aber auch bei den anderen Systemen abzeichnenden Folgen müssen dann überkompensiert werden, da man zu lange mit einer korrigierenden Handlung gewartet hat (vgl. negatives Feedback). Führungsverhalten braucht „Fingerspitzengefühl", um das Oszillieren von Zuständen so zu dosieren, dass mit der für die Situation richtigen Dynamik alle notwendigen Kräfte eingesetzt werden. Damit Führungskräfte aber nicht wieder in Heldentugenden der mystifizierten Manager abrutschen, können sie dieses Oszillieren auch durch transparente Maßnahmen steuern.

Senge (1996, S. 89 ff.) macht auch auf diesen Effekt aufmerksam: Reife Steuerungsprozesse zeichnen sich dadurch aus, dass nach der komprimierenden Handlung Verzögerungen hinsichtlich des gewünschten Effektes zu beobachten sind. Diese Verzögerungen werden bei dem Prozess häufig aus Ungeduld oder Unkenntnis übersehen. Stattdessen erhöht man die Dosis der Korrektur, um den Verzögerungseffekt zu verringern.

Dann entstehen Eskalationen, deren Wirkungen umso entschiedener unterbrochen werden müssen. Senge erklärt dies am Beispiel einer Dusche. Ist das Wasser zu kalt, drehen wir den Wasserhahn weiter in Richtung heiß. Steigt die Temperatur nicht sofort, drehen wir weiter auf der Skala in Richtung heiß. Wird das Wasser jetzt wirklich heiß, werden wir wohl aus der Dusche springen müssen, da wir überreagiert und nicht mit entsprechender Verzögerung dosiert haben.

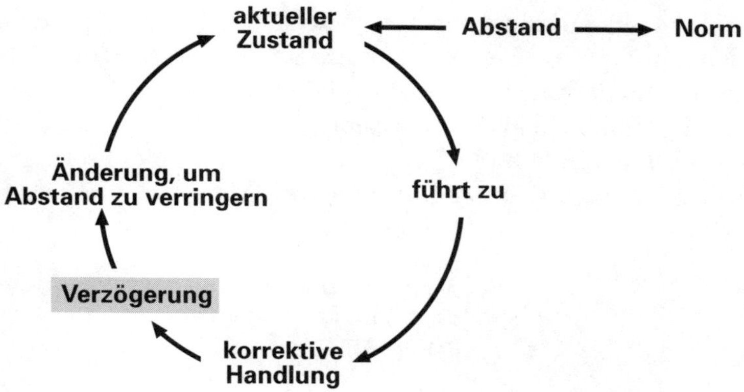

Abb. 13: Verzögerung und Feedback

Schlichtweg lautet die Frage: Sind wir an einer Korrektur unserer Muster interessiert? Die Kybernetik zeigt, dass solche Richtlinien als Grenzen für das Systemverhalten wichtig sind, betrachtet man alleine die Struktur eines Anpassungsprozesses. Das Lernen in Doppelschleifen lässt sich also am besten als Prozess verstehen, der im Wesentlichen die Wichtigkeit der dahinter liegenden Norm hinterfragt.

Immer wieder beklagen insbesondere Dienstleistungsunternehmen den Umgang der Mitarbeiter mit Kunden. Telefon- und Verkaufstrainings ebenso wie Rhetorikkurse oder Verhaltenstrainings sind so lange ungeeignete Instrumente, um Verhalten nachhaltig zu verändern, wie die einzunehmende Wertehaltung oder Einstellung nicht geteilt wird. Unternehmen vergeuden aus meiner Sicht riesige Etats für Schulungen, bei denen die Trainer selbst nicht daran glauben, viel zu bewirken. Die Arbeit an der korrekturgebenden Norm wird nur selten begonnen. Es fehlt an einer Methode, die vom Unternehmen entdeckt, beschrieben und diskutiert werden sollte. Ermüdend ist auch das Geschwätz von mangelnder Wertschätzung untereinander in Unternehmen. Die Mitarbeiter können nämlich nicht benennen, welche ihrer Werte verletzt wurden, geschweige denn, wie dies vermieden werden könnte. Auch hier fehlt Methode. Nochmals sei M. Feldenkrais zitiert: „Wenn du weißt, was du tust, kannst du tun, was du willst!“ Menschen, die keine Methode der Beobachtung einer Beobachtung haben, verfallen ins Lamentieren und Moralisieren. Ganze Organisationen zeichnen sich durch derartiges Beklagen und gegenseitige Schuldzuweisungen aus.

Andere Organisationen gehen noch ein Stück weiter: Sie erklären vollmundig ihre Organisation zur „lernenden Organisation“. Wenn es dann darum geht, über Methoden zu reden, werden plötzlich einige Methoden als nicht zulässig erklärt. Was ist geschehen? Über die Schleife „Methode“ hat sich eine neue Schleife gesetzt, und die heißt „Die Macht der Methodenkompetenz“.

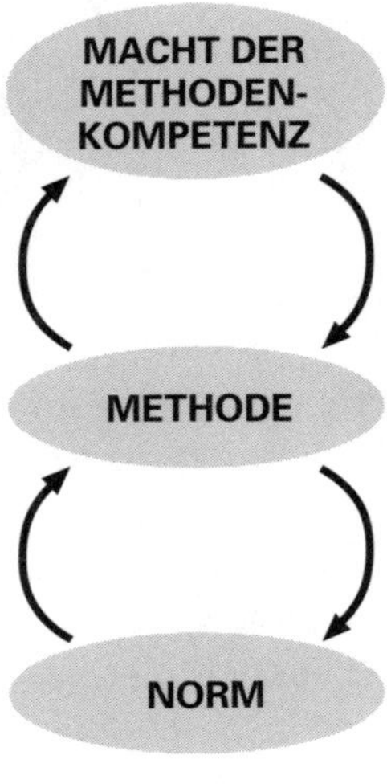

Abb. 14: Macht macht Methode

Die Metapher vom Lügen, Betrügen und Nichttun dessen, was man sagt

Wie ist es zu erklären, dass Menschen auf der einen Seite behaupten, lernen zu wollen, wie man lernt, auf der anderen Seite aber eine Diskussion über die Methode ablehnen? Zwiespältig erscheint uns auch die Feststellung, dass sich Menschen durch ihre Rollendefinitionen bestimmte Werte zuordnen und gleichzeitig Entscheidungen treffen, die diesen zuwiderlaufen. Dennoch praktizieren sie in ihrem Arbeitsalltag eine Vielzahl von Entscheidungen und Handlungen, die ihre eigenen Werte unterlaufen.

Solche Aktionen verstoßen gegen formale Managementprinzipien und das Prinzip Verantwortung. Weder die eigenen noch die unternehmensinternen Leitwerte noch die Administration ermutigen zum Betrügen, zum Manipulieren oder zum Verdrehen von Informationen. Trotzdem kommt es immer wieder zu diesen Aktionen, obwohl sie oder weil sie von den Leitlinien abweichen. Menschen verhalten sich oft nicht entsprechend ihren Werten, sondern so, als würden sie ihre eigenen Werte gar nicht kennen. Ein solches Verhalten ist im Grunde nicht methodendiskussionsfähig, da es wenig wahrscheinlich ist, dass jemand von sich sagt, er sei gerade dabei, zu betrügen, zu manipulieren oder zu täuschen. Er würde sich verletzbar und angreifbar machen, weil er unter den Verdacht geriete, unehrenhaft zu handeln. Es ist wohl kaum anzunehmen, dass, wer zugibt, dass er betrügt, nicht betrüg e (Watzlawik et al. 1988, S. 51 ff.).

Durch solcherlei Aktionen verstricken sich Menschen in Widersprüche. Damit diese Aktionen effektiv sind, müssen sie gleichzeitig vertuscht werden, und in vielen Fällen muss auch das Vertuschen insgeheim ablaufen. Dafür lernen Individuen, widersprüchliche Mitteilungen zu machen und so zu handeln, als wären die Mitteilungen nicht widersprüchlich; sie machen die vorangegangenen Aktionen undiskutierbar und machen die Nichtdiskutierbarkeit diskutierbar. Diejenigen, die aus diesen Aktionen Nutzen ziehen, müssen unter einer Decke stecken. Wenn man die Vertuschung aufdeckt, lernen sie, so zu handeln, als ob sie nicht aufgedeckt worden wäre. Sie erwarten von anderen Täuschenden, Verdrehenden und Manipulierenden ebensolches Verhalten (Watzlawik 1983, S. 17 ff.). Die Schuld für diese seltsame Schleife kann nicht einem einzigen Aktionsteilnehmer zugeschrieben werden, sondern die Aktionsteilnehmer verweisen gegenseitig aufeinander (Hofstadter et al. 1991, S. 25).

Diese Aktionen entsprechen gewohnheitsmäßigem Abwehrverhalten in Organisationen. Sie überbehüten Einzelne oder Gruppen und hindern sie daran, neue Aktionen zu lernen. Es handelt sich um ein routinemäßiges Verhalten, weil es immer wieder auftaucht und völlig unabhängig von der Persönlichkeit einzelner Akteure ist.

Abwehrreaktionen werden äußerst routiniert, beinahe automatisch durchgeführt, und sie funktionieren. Meist geschehen sie völlig unbewusst. Bewusstes Handeln würde die Qualität sogar vermindern, da ihr die Leichtigkeit fehlte. So werden diese Aktionen als selbstverständlich hingenommen.

Abwehraktionen werden schon früh im Leben eingeübt, wenn Menschen lernen, mit Peinlichkeiten und Bedrohungen umzugehen. Jedes Individuum verfügt über eine Art in Gebrauch befindliche Strategie, mit deren Hilfe eine Peinlichkeit oder Bedrohung geschickt umgangen und zudem dieses Ausweichen vertuscht werden kann. Das Selbstbild, das der Einzelne vor sich herträgt (in Form von Werten, Prinzipien, Einstellungen und Haltungen), sieht bezeichnenderweise ganz anders aus.

Unseres Wissens erkennt keine einzige formale Organisationstheorie irgendein Abwehrverhalten, obwohl es in jedem Organisationsgeschehen präsent ist. Dieses in früher Kindheit erlernte Abwehrverhalten wird durch die Organisationskultur verstärkt, die ebenso von Menschen geschaffen wird, welche Ausweich- und Vertuschungsstrategien verfolgen. Solche Strategien sind sehr dauerhaft, weil sie durch die Normen der Organisation sanktioniert und geschützt werden. Wenn der Einzelne einmal unter Legitimationsdruck gerät, findet er es ganz vernünftig, die Organisation für das Abwehrverhalten verantwortlich zu machen. So entsteht ein sich selbst verstärkender Teufelskreis vom Individuum zur größeren Einheit – durch die sich das Individuum legitimiert fühlt – und wieder zurück (positives Feedback). Ziel dieser Strategie ist es, die Widerspruchsfreiheit eines Systems zu beweisen.

Das daraus entstehende routinierte Verhalten wird von Strategiemustern in den Köpfen der einzelnen Menschen gelenkt. Die erfolgreiche Anwendung dieser Strategie erhöht das Vertrauen und das Selbstwertgefühl des Einzelnen, wenn er sich und andere managt. Wenn man also die menschliche Prädisposition, Abwehrverhalten in Organisationen herzustellen, und die Normen in Organisationen, die solches Verhalten schützen, ändern will, so erfordert dies sowohl einen Abstand zu eigenen individuellen Leitnormen und Standards (Werten) als auch zu den schützenden Normen des Grundauftrags einer Organisation (Mission). Es ist unwahrscheinlich, dass Vorschläge, wie man mit Abwehrverhalten in Organisationen dauerhaft umgehen kann, durchzusetzen sind, wenn dieser Prozess der Doppelschleifen gar nicht erst erkannt wird. Will man tatsächlich diesen Prozess des individuellen Abweichens von den im Unternehmen postulierten Normen untersuchen, so muss eine Diskussion einsetzen, die die Widersprüchlichkeit von Norm und Handlung aufdecken will. Die Mathematik hat diese Diskussion hinter sich. Ihre Sorge war, dass logische Paradoxien sich als in der Mathematik innewohnend entpuppen würden und damit die gesamte Mathematik in Zweifel ziehen könnten. So versuchte man vergeblich, eine Mathematik zu entwickeln, die eine letztgültige Beweisführung zum Aufspüren einer jeweils einzigen Ursache möglich machen sollte. Schließlich bewies Gödel die Unbeweisbarkeit einer Widerspruchsfreiheit (Hofstadter et al. 1991, S. 498 ff.).

Die Unternehmenspraxis kürzt die Diskussion ab, indem sie nicht verhandelbare Axiome setzt (Mission, Werte, Ziele, Kernkompetenzen). Große Unternehmen geben sich Leitwerte wie Offenheit, Ehrlichkeit und Vertrauen und behaupten tatsächlich, nach diesen zu handeln, auch wenn sie gleichzeitig ihren Aktionären Verluste verschweigen, geheime Listen für eventuelle Entlassungen führen oder in Zeiten höchster Kostenrestriktion dem Top-Management Gehaltserhöhungen bewilligen. Der Widerspruch zwischen solchen Verhaltensweisen und den gesetzten Werten, Zielen etc. wird nicht erkannt oder seine Erkenntnis unterdrückt.

Man kann ein Modell für Abwehrverhalten auf Gruppen- oder Organisationsebene entwickeln, um die oben dargelegten kontraproduktiven Gruppenprozesse und Leistungskonsequenzen zu erklären.

In Trainings erarbeiteten wir mit den Betroffenen zunächst die charakteristischen Kriterien in einem bestimmten Kontext der Gruppe, die die Gruppenmitglieder für potenziell oder tatsächlich peinlich oder bedrohlich halten. Beispiele für diese Faktoren sind: Man ist unzufrieden mit der Gruppenleistung, unterstellt einander politische Machenschaften oder behauptet, die Ursachen der Leistungsschwäche seien nicht diskutierbar, und man findet sich damit ab, dass Konflikte und Meinungen nicht offen diskutiert werden können.

Als Nächstes beschreiben die Teilnehmer, wenn diese oder andere Peinlichkeiten als Bedrohungen wahrgenommen werden, wie sie als Mitglieder einer Gruppe dazu neigen, den Problemen, die mit diesen Gefühlen zusammenhängen, in Form von bestimmten Verhaltensweisen auszuweichen. Dann wird demonstriert, wie Ausweichen vertuscht wird. Ohne Ausweichstrategien würde das Verhalten öffentlich werden, und die Gründe wären diskutierbar. Solche Konsequenzen würden aber gegen die Gruppennormen verstoßen, die ja das Ausweichen in erster Linie positiv sanktionieren. Dieser Prozess ist in einem Training nicht ohne Brisanz. Zunächst macht es allen Spaß, sich gegenseitig anzuspornen, verborgenes Material zu offenbaren. Später schlägt die Stimmung aber um. Die Betroffenheit angesichts des Spiels nimmt zu. Plötzlich wird jedem bewusst, dass er täglich solchen Strategien ausgesetzt ist und selbst dazu beiträgt, sie zu entwickeln. Was kann dann noch als authentisches Verhalten gelten?

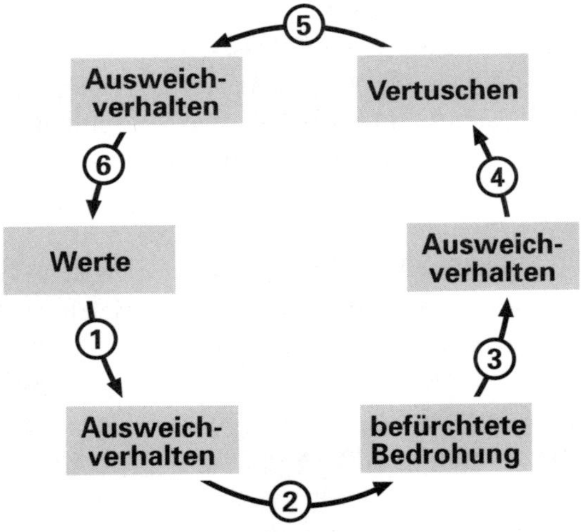

Abb. 15: Kreislauf des Ausweichverhaltens

Gehen wir mit dem Wert „Ehrlichkeit" einmal durch den Kreislauf. Wir demonstrieren das häufig, indem wir die Betroffenen fragen: „Sind sie wirklich immer ehrlich?" Sofort entsteht ein Ausweichverhalten (Schritt 1). Dann kalkuliert man die befürchtete Bedrohung: „Was wäre, wenn ich ehrlich wäre?“ (Schritt 2). Wieder geht die Beantwortung ein in Ausweichverhalten über (Schritt 3). „Müsste ich etwas vertuschen, wenn ich ehrlich wäre?“ (Schritt 4). Danach entsteht wieder ein Ausweichverhalten (Schritt 5). Um schließlich wieder zu einer Sicherheit zu gelangen, bestätigt der Befragte dann die alte Lösung: „Bei uns ist Ehrlichkeit oberstes Prinzip!“ (Schritt 6).

Ausweichen und Vertuschen haben zwei Konsequenzen. Zum einen sorgt das positive Feedback dafür, dass die neuen Erfahrungen die alten bestätigen, schützen und verstärken. Zum andern werden Aktionen unternommen, die es den Teilnehmern erlauben, das Ausweichen und Vertuschen „wegzuerklären“. Die Aktionen schützen einerseits die Teilnehmer, andererseits hindern sie sie daran, Aktionen zu lernen, die korrigierend wirken. Dazu gehört, dass man andere innerhalb oder außerhalb der Gruppe beschuldigt und gleichzeitig vermeidet, dass die Beschuldigungen öffentlich auf ihren Wahrheitsgehalt hin geprüft werden; dass man sich mit der Form, wie die Gruppe schwierige Probleme handhabt, unzufrieden erklärt; dass man an der Fähigkeit der Gruppe zweifelt, sich zu verändern; dass man hilflos reagiert, wenn es um Initiativen zur Veränderung der Gruppe geht, und sich von jeder Verantwortung für kontraproduktive Konsequenzen freispricht.

Diese Schutzaktionen, die Lernen verhindern, wirken auch zurück und verstärken das Ausweichen, das Vertuschen und die ursprünglichen Peinlichkeiten und Bedrohungen. Zusätzlich führen sie zu unverhohlenen, aber „akzeptablen“ Distanzierungen, z. B. kommt man zu spät zu den Konferenzen oder geht früher weg, oder man kommt überhaupt nicht aus Angst vor Konflikten, man bleibt aktiv, obwohl man sich ausgebrannt fühlt, behandelt nur noch uninteressante Themen, arbeitet auf die Auflösung der Gruppe hin, tut aber so, als wäre sie noch relevant (Gruppen sterben nicht, sie verschwinden einfach).

In Organisationsentwicklungsprozessen begegnen wir diesem Phänomen überall. Der erste Schritt zur Reduzierung von Abwehrverhalten besteht darin, die Entwicklung von Abwehrverhalten zu erklären. Dies gehört nicht zur formalen Managementtheorie oder Praxis, auch wird es nicht an Universitäten oder weiteren Bildungsprogrammen für Führungskräfte gelehrt.

Ein Grundgerüst für Lernen

Das Grundgerüst, welches die Frage des Abwehrverhaltens zu behandeln erlaubt, umfasst Lernen auf individueller, Gruppen- und Organisationsebene. Lernen entsteht, sobald Fehler entdeckt und korrigiert werden. Ein Fehler ist jede Fehlanpassung zwischen Aktionsfeld, Handlungsstrategie und handlungsleitender Norm. Entscheidend ist, wie transparent die Korrektur eines Fehlers gemacht wird. Wenn ein Lehrer an den Heftrand „Falsch!" schreibt und der Schüler fragt, wie es denn richtig sei, aber als Antwort nur erhält: „Nachdenken!", dann ist dies ein Beispiel dafür, dass der Lernende die Korrektur einer falsch angewandten Norm nicht selbst entdecken kann.

Die Aufmerksamkeit beginnt bei der Frage: Was ist ein Fehler? Zunächst muss auf Systemebene das Abweichen von der Norm erklärbar sein und die Norm vom Betroffenen anerkannt werden. Danach muss die individuelle Ebene der Verarbeitung betrachtet werden: Welche Strategie zur Umsetzung dieser Norm treibt denjenigen an, der einen Fehler entdeckt, und wie muss der Kontext aussehen, in dem die Abweichung entsteht? Ist dieser Prozess undurchsichtig, dann ist die Fehlerkorrektur ein Mittel der Disziplinierung und Machtausübung, aber keinesfalls ein Weg, der Lernen ermöglicht.

Es gibt mindestens zwei Möglichkeiten, einen Fehler systemseitig zu korrigieren: zum einen durch Verhaltensänderung, z. B. indem man weniger lästert oder andere diffamiert; diese Art der Korrektur erfordert lediglich Einzelschleifen-Lernen und hat nur unter immer wieder gleichen Bedingungen und Kontexten Bestand. Auf diese Weise erklärt sich die von Führungskräften häufig vorgebrachte Beschwerde, dass die Mitarbeiter, sobald sich die Situation nur minimal ändere, katastrophale Fehler begehen würden.

Die zweite Möglichkeit, Fehler zu korrigieren, besteht in der Veränderung des zugrunde liegenden Hauptprogramms, das Individuen dazu veranlasst, andere zu diffamieren, selbst wenn sie behaupten, dass sie das nicht beabsichtigen. „Programm" hört sich sehr technisch an, soll aber eigentlich nur bildlich vermitteln, dass Verhaltensmuster so angelegt sind, dass sie sich bei bestimmten Auslösern immer wiederholen. Indem man dem Einzelnen die Sicht auf die ihn steuernde Norm verschafft, ermöglicht man ihm auch die Abwägung der dahinter liegenden Bedeutungen und Werte. Das ist Doppelschleifen-Lernen. Wenn man Aktionen verändert, ohne die grundlegenden Hauptprogramme zu verändern, nach denen Menschen agieren, wird die Korrektur entweder gleich misslingen oder nicht lange halten. Auch hier kennt die Kultur von Verhaltenstrainings eine lange Geschichte des Misslingens.

Handlungsstrategien aufdecken

Doppelschleifen-Lernen kann man auch als Bewusstwerdung einer Handlung betrachten, welche die Akteure über die Strategien informiert, die sie anwenden wollen, um ihre beabsichtigten Ziele und Konsequenzen zu erreichen. Entscheidungsabwägungen werden von mehreren Wertvorstellungen beherrscht, die das Gerüst für die gewählten Handlungsstrategien liefern. So ist der Mensch ein gestaltendes Wesen. Er erzeugt, speichert und ruft Entwürfe ab, die ihm raten, wie er agieren soll, wenn er seine Absichten erreichen und im Einklang mit seinen Leitwerten agieren will.

Diese Entwürfe oder Theorien von Aktionen sind der Schlüssel zum Verständnis des menschlichen Handelns (Agyris 1997, S. 61).

Das Grundmodell vieler Aktionsstrategien besitzt vier Leitwerte:

1. Erreichen Sie Ihren beabsichtigten Zweck.
2. Maximieren Sie den Gewinn, und minimieren Sie den Verlust.
3. Unterdrücken Sie negative Gefühle.
4. Verhalten Sie sich nach plausiblen Gesichtspunkten.

Der Unternehmensalltag zeigt, mit welcher Intensität diese vier Leitwerte gelebt werden, ohne dass sie explizit in einem Führungsleitbild genannt werden. Sie sind zu den Grundmaximen ökonomischen Handelns geworden:

1. Verteidigen und rechtfertigen Sie Ihre Position.
2. Interpretieren und bewerten Sie die Gedanken und Aktionen anderer (und Ihre eigenen Gedanken und Aktionen), und zeigen Sie die Unterschiede auf!
3. Suchen Sie bei allem, was Sie verstehen wollen, nach Ursachen, und bewerten sie diese so, dass sie Abweichungen von den vier Grundwerten ausdrücken (Ury 1992, S. 46 ff.).

Entscheidend für das Gelingen von Abwehrstrategien ist, dass die Leitwerte, auf die man sich bezieht, zufrieden stellen – oder zumindest ein akzeptiertes Mindestniveau erreichen, wenn es darum geht, etwas unter die eigene Kontrolle zu bringen, zu gewinnen oder ein Ergebnis zustande zu bringen (Agyris 1997, S. 65). Mit anderen Worten, das Modell schreibt vor, die eigene Position, Interpretation und Bewertung der Grundwerte so zu untermauern, dass sie von anderen Menschen nicht infrage gestellt oder getestet werden können. Die Folge dieser Modellstrategien sind Abwehraktionen, die defensives, missverständliches Verhalten sowie Prozesse generieren, die eine eigene Dynamik entwickeln und sich selbst versiegeln.

Die Lösung besteht nicht darin, diese Strategien mit dem moralischen Zeigefinger zu rügen. Menschen erleben durch die Handhabung dieser Strategien einen hohen Schutz, den sie zunächst nicht aufgeben wollen, solange sie keine Kenntnis davon haben, wie sie sich mit anderen Strategien auch sicher fühlen können. Während unserer Arbeit in Veränderungsprozessen müssen wir diese Strategien aufdecken, indem wir sie mit den Teilnehmern diskutieren. Da Abwehrverhalten jedoch ein frühkindlich erlerntes, routiniertes Muster ist, fällt dies allen Beteiligten recht schwer.

Strategieansätze für Abwehrverhalten

Abwehrstrategien inhaltlich verstehen zu wollen verschwendet Mühe an der falschen Stelle. Die Strategien sind nur Mittel des dahinter liegenden Grundes, sich selbst in seiner Identität zu schützen. Es gibt allerdings im Unternehmensalltag besonders häufig vorgetragene Gründe, in Form von Glaubenssystemen, die zu Abwehrverhalten motivieren: Diese Begründungen rechtfertigen die Strategien desjenigen, der sich schützen will.

1. Verstand

Zweck des Verstandes ist es, Strategien zu entwickeln, um zu überleben, und er wird fast alles tun, um dies zu erreichen. Manchmal hat eine Sache innerhalb des Verstandes einen höheren Grad der Wichtigkeit, und das ist: Recht zu haben. Der Verstand erreicht seinen Zweck der Selbsterhaltung durch die Speicherung von Spuren der Erinnerung von Ereignissen, noch während sie passieren, und durch das Abrufen dieser Erinnerungen, wenn sie in Überlebenssituationen gebraucht werden. Der Verstand misst sich gern mit anderen hinsichtlich seiner strategischen Brillanz, ohne dass er überprüft oder infrage gestellt werden will.

2. Erfahrungsinhalt

Der Erfahrungsinhalt meint das gesamte Erinnerungsmaterial, das wir im Laufe unseres Lebens erworben haben. Er besteht aus gespeichertem und abrufbarem Wissen, gepaart mit den Überzeugungen, Meinungen, Stellungnahmen, Urteilen und Vorurteilen, die der Aufgabe dienen, andere ins Unrecht zu setzen. Die Behauptung einer „objektiven Wahrheit" ist aus solchem Material. Den Inhalt der Erfahrung, auch seine Beispiele und Formulierungen, kann man nicht verändern. Man kann auch nicht den Inhalt seines Lebens auf irgendeine Weise verändern, und es ist auch nicht nötig. Es gilt nur, den Erfahrungsinhalt hinsichtlich seiner Zuweisung von Bedeutung, Interpretation und Bewertung selbst zu verstehen.

3. Urteile und Bewertungen

Urteile fällen heißt, einen künstlichen Zustand zu schaffen, in dem gemäß den Definitionen des Verstandes jemand oder etwas im Vergleich als besser oder schlechter bewertet wird. Somit ist ein Urteil ein bloßes Konstrukt des Verstandes, das letztendlich dazu dienen soll, sich selbst Recht zu geben. Am Anfang ist Ziel des Rechthabens das Überleben. Aber selbst dann, wenn es schon lange nicht mehr nur um das Überleben geht, fällt der Verstand weitere Urteile, um seine Position zu sichern oder auszubauen.

4. Glaubenssysteme

Ein Glaubenssystem ist eine Sammlung von Aussagen über die eigene oder eine fremde Person, einen Ort oder eine Sache, die darauf abzielen, diese Person, diesen Ort oder diese Sache zu definieren, damit man damit umgehen kann. Überzeugungen entspringen der mangelnden Bereitschaft, der direkten Erfahrung zu vertrauen (siehe die „Leiter der Schlussfolgerungen", S. 45).

5. Drama

Das Drama ist das absichtliche, wenn auch häufig unfreiwillige Schauspiel, das wir im Leben aufführen und von dem wir glauben, es sei wirklich. Zweck des Schauspielerns ist es, anderen und sich selbst zu beweisen, wie Recht man hat. Der Zustand, in dem man sich befindet, während man auf seiner Lebensbühne schauspielert, wird mit unterschiedlichen Rollen belegt. Opfer oder Täter zu sein sind Beispiele solcher Schauspiele.

Opfer zu sein rechtfertigt, alles auszuspielen, was dem Verstand wichtig erscheint, ganz gleichgültig, wie destruktiv dies für einen selbst oder andere auch sein mag. Dabei ist das Opfer ein sehr strategisch handelnder Täter.

6. Schuld

Schuld ist ein Gefühl, das eine Haltung unterstützt, die „Ich bin schlecht“ genannt wird. „Ich bin schlecht“ ist eine Strategie, die der Verstand wählt, um von sich selbst und anderen akzeptiert zu werden. Schuld ist eine „Währung“, die Leute als Bezahlung für das Schlechte, das sie tatsächlich tun oder sich lediglich vorstellen zu tun, anbieten.

7. Eifersucht

Eifersucht ist das Spiegelbild von Schuld. Schuld richtet sich nach innen, Eifersucht nach außen. Sie ist die maßlose Sorge, der andere sei nicht genügend in der Beziehung engagiert, und geht mit einem Gefühl der Panik einher, die aus der Angst resultiert, der andere könnte die Beziehung verlassen.

8. Polaritäten

Der Verstand liebt es, mit Polaritäten zu arbeiten. Eine Definitionspolarität ist eine Erfindung des Verstandes zum Zweck des Rechthabens. Um in Bezug auf eine bestimmte Sache Recht zu haben, braucht man einen anderen, der Unrecht hat.

9. Rationalisierungen

Rationalisierungen sind der Versuch, eine tiefer liegende Kaskade von Zusammenhängen zu benennen, um zu erklären, dass es eine Logik innerhalb mehrerer angeführter Gründe gibt. Und sie sind der Versuch, nach Erklärungen zu suchen, die außerhalb der eigenen Verantwortung liegen.

10. Rechtfertigungen

Eine Rechtfertigung ist das Vermischen von verschiedenen Gründen und Ursachen, in dem Bemühen, sie als logisch miteinander verknüpft erscheinen zu lassen. Mittels dieses Verfahrens versucht der Verstand, seine Haltungen als die „richtigen" zu etablieren und von anderen in Bezug auf die „Richtigkeit" Zustimmung zu erhalten. Das, was gerechtfertigt wird, ist nie direkt erlebbar, denn sonst bestünde keine Notwendigkeit zur Rechtfertigung.

Lernen lernen

Um Lernen zu lernen – und dies gilt besonders für Organisationsentwicklungsprozesse, die eine lernende Organisation schaffen sollen –, müssen Wege gefunden werden, die offen veranschaulichen, wie die Akteure zu ihren Beurteilungen oder Zuschreibungen kamen und wie sie sie herbeiführten, damit andere sie untersuchen und überprüfen können. Folglich muss lernfeindliches Abwehrverhalten auf ein Minimum reduziert und Doppelschleifen-Lernen gefördert werden. Peinlichkeiten und Bedrohungen dürfen nicht umgangen und vertuscht, sondern müssen systematisch aufgearbeitet werden.

Um besser verstehen zu können, wie das Abwehrverhalten beibehalten wird, müssen wir untersuchen, wie die Menschen argumentieren. Im Alltagsleben haben Argumente die Funktion, eine Basis für eine Meinung, einen Glauben, eine Haltung, ein Gefühl oder eine Aktion zu erzeugen. Durch Argumentieren erklärt man Fakten. Durch den Vorgang des Argumentierens können Menschen von Überzeugungen und Aktionen, die sie bereits kennen, zu neuen Überzeugungen und Aktionen gelangen.

Wenn man seine Aktionen auf der Basis eines Abwehrverhaltens entwirft und implementiert, dann sind die Prämissen, die man entwickelt, um seine kausalen Erklärungen zu untermauern, unausgesprochen. Der Prozess, durch den man von seinen Prämissen zu Schlussfolgerungen gelangt (vgl. die „Leiter der Schlussfolgerungen", S. 45), ist ebenfalls unausgesprochen. Und die Daten, die man verwendet, um seine Prämissen zu erzeugen, sind „weiche Daten", d. h., sie sind nicht direkt beobachtbare Daten; dazu gehören z. B. Gespräche, deren Bedeutungen schwer zu verstehen sind, vor allem von Personen mit unterschiedlichen Meinungen. Harte Daten hingegen sind relativ direkt beobachtbare Daten, deren Bedeutungen verstanden werden können, aber von Personen mit einer gegenteiligen Meinung nicht unbedingt akzeptiert werden.

Eine weitere Eigenschaft des Argumentierens ist, dass Personen Schlussfolgerungen ziehen und behaupten, dass sie richtig seien, und dabei nur sicherstellen wollen, dass ihre eigene Logik zur Überprüfung diese Schlussfolgerungen gilt: „Vertrau mir, ich weiß, wovon ich spreche."

Es handelt sich hierbei um eine Form der Selbstbestätigung. Sie ist lernfeindlich und ausgrenzend.

Um Menschen zu veranlassen, ihre eigenen Denkprozesse zu überprüfen, fordert man sie auf, die Basis für ihre Schlussfolgerungen mit relativ direkt beobachtbaren Daten zu veranschaulichen. Wir leiten sie bei unserer Arbeit außerdem an, ihre Prämissen zu formulieren oder zu beschreiben, wie sie ihre Schlussfolgerungen überprüfen, wenn sie eine Logik verwenden, die sie ungeprüft übernommen haben, und Daten als gültig akzeptieren, ohne zu wissen, wie sie erhoben wurden.

Wenn Menschen produktiv denken und argumentieren, liefern sie relativ direkt beobachtbare Daten, um die Grundlage eines Arguments zu veranschaulichen. Sie machen alle Schlussfolgerungen explizit und entwickeln sie so, dass andere sie gegebenenfalls verwerfen können.

Die „Leiter der Schlussfolgerungen" haben wir schon an anderer Stelle (S. 45) vorgestellt. Sie ist ein Modell, mit dem man in der Praxis sehr gut arbeiten kann. Der Prozess der Offenlegung der eigenen Argumentationsstrategie outet natürlich den Einzelnen und ist von daher im unternehmerischen Alltag politisch nicht unproblematisch. Allerdings ist jeder Mensch auch in der Lage, sich durch seine Abwehrstrategien weitestgehend zu schützen. Darüber hinaus versuchen wir, unseren Kursteilnehmern zum Üben zunächst einen geschützten Raum anzubieten. Damit Vertrauen wachsen kann, muss dieser zunächst auf seine Dichtigkeit hin getestet werden. Das geschieht, indem man die Teilnehmer auffordert, darauf zu achten, ob Teile des Inhalts einer Gruppensitzung irgendwo im Unternehmen wieder auftauchen. Sollte dies der Fall sein, können die Teilnehmer, zunächst über Feedback, diese Situation klären oder, falls sie dies wünschen, die Gruppe wieder verlassen. Auf diese Weise versuchen wir, einen Kreis von Gruppenmitgliedern zu finden, die voneinander glauben, dass das Gesagte im Raum bleibt. Unsere Erfahrungen zeigen, dass dieser Prozess nur den Anspruch einer „relativen" Offenheit erfüllen sollte, da die Alltagserfahrungen und die damit verbundenen kulturellen Prägungen häufig kontraproduktiv wirken und sehr viel Verunsicherung hervorrufen.

Die Leiter ist ein Lernmodell dafür, wie man Schlussfolgerungen herstellt. Auch wenn dieses Modell nur eine Möglichkeit davon abbildet, wie Menschen ihre Alltagswelt verstehen, sollte es dennoch den Versuch wert sein, Transparenz in das eigene Argumentieren zu bringen. Wir verwenden die „Leiter der Schlussfolgerungen" bei Organisationsentwicklungsprozessen überall da, wo wir glauben, dass vorhandene Argumentationsstrategien „Entsicherung" verhindern.

Die Metapher vom einsamen Rufer in der Wüste

Weshalb erkennen Organisationen die Notwendigkeit der Veränderung häufig erst mit solcher Verzögerung? Warum steht der um Veränderung bemühte Manager, wie die alten biblischen Propheten, einsam als Rufer in der Wüste da, wenn er versucht, die Mitmenschen dazu zu bringen, sich zu verändern, bevor es zu spät ist?

Zum einen prägen die mentalen Modelle die unterschiedlichen Landkarten der Menschen in Unternehmen, und somit sind auch die Einschätzungen des momentanen Zustands der Unternehmung voneinander verschieden. Die Schlussfolgerungen, was zu tun oder zu lassen ist, richten sich nach ihrem jeweiligen Modell.

Zum anderen ist es schwierig, das Phänomen des gekochten Frosches zu überwinden. Dieses Bild stammt aus einem klassischen physiologischen Experiment mit zwei lebenden Fröschen, einem Topf mit Wasser und einem Bunsenbrenner. Der erste Frosch kommt in einen Topf mit kaltem Wasser. Die Wassertemperatur in dem Topf wird dann mithilfe des Bunsenbrenners ganz langsam erhöht. Wenn die Temperaturerhöhung langsam genug vorangeht, wird der Frosch so lange in der Schüssel sitzen bleiben, bis er zu Tode gekocht ist. Das Tier hätte zu jeder Zeit aus dem Topf springen können, aber die Veränderung seines Umfelds ging so langsam vonstatten, dass bei ihm keine Reaktion ausgelöst wurde und der Tod die logische Folge war. Das ist eine Demonstration für eine gerade nicht mehr feststellbare Unterschiedsschwelle.

Wenn wir den zweiten Frosch nehmen und in einen Topf mit heißem Wasser setzen, wird dieser nicht lange zögern und sofort herausspringen. Wir können das Experiment so weit verfeinern, dass wir genau feststellen können, wie groß die Veränderung zu einem bestimmten Zeitpunkt sein muss, damit der Frosch reagiert. Die Analogie ist klar: Wie der erste Frosch, so gibt es auch Unternehmen, die auf das Auslösen der Ereignisse in ihrer Umgebung nicht rechtzeitig genug reagieren, um katastrophale Konsequenzen zu vermeiden.

Unternehmen werden zu gekochten Fröschen, wenn die Bewusstseinsschwelle zu hoch angesetzt ist. Sie erkennen die Veränderungen in ihrem Umfeld erst dann, wenn die Katastrophe da ist. Dies mag aus Sicht der Kybernetik darin begründet liegen, dass die Grenzen der kritischen Steuerungsgrößen falsch gesetzt sind. Man kann aber auch vermuten, dass Organisationen mit ihren Menschen sich in den Netzen ihrer Interpretationen und Bewertungen verfangen, die sie sich selbst geknüpft haben.

Die Unternehmung als psychisches Gefängnis

Organisationen unterliegen häufig dem Phänomen, dass sie Ideen, Gedanken und Handlungen entwerfen, die selbst wieder Prozesse erzeugen, von denen sie gefangen oder gefesselt werden.

Der Gedanke des psychischen Gefängnisses wird von Platon im „Staat" beschrieben (Platon 1958, S. 514 ff.). In der berühmten Allegorie von der Höhle erklärt Sokrates die Beziehung zwischen Erscheinung, Wirklichkeit und Wissen. Es wird eine Höhle mit einer Öffnung beschrieben, in der ein loderndes Feuer brennt. In der Höhle sind Menschen angekettet und können sich nicht bewegen. Sie sehen nur die vom Feuer erleuchtete gegenüberliegende Höhlenwand, auf der die Schatten der Menschen und Gegenstände, die sich draußen vor der Höhle befinden, zu erkennen sind. Die Höhlenbewohner setzen die Schatten mit der Wirklichkeit gleich, geben ihnen Namen und verbinden sie mit Geräuschen, die von außen in die Höhle eindringen. Wahrheit und Wirklichkeit ist für die Gefangenen die Schattenwelt, weil sie keine andere Welt kennen.

Sokrates behauptet, würden die Höhlenbewohner ihren Ort verlassen, könnten sie bemerken, dass die Schatten Widerspiegelungen einer komplexen Welt sind. Würden die Menschen dann wieder in die Höhle zurückkehren, wären sie nicht mehr in der Lage, ihre Interpretationen der beobachteten Phänomene so aufrechtzuerhalten, wie es vorher für sie möglich war. Würden sie mit denjenigen Menschen kommunizieren, die in der Höhle geblieben wären, würden sie zweifellos Schwierigkeiten haben, sich mit ihnen zu verständigen. Sie würden ihnen erklären, dass sie angekettet seien, und sie möglicherweise bedauern. Die in der Höhle Gefangenen ihrerseits würden sie jedoch verhöhnen, denn für sie lieferten die gewohnten Abbildungen in der Höhle die einzig wahre Interpretation der Welt.

Diejenigen, die in die Höhle zurückkehren würden, aber kraft ihres neuen Wissens nicht mehr in gewohnter Weise agieren würden, weil sie nicht mehr die gleichen Interpretationen für die erlebten Phänomene hätten, würden von ihren Mitbewohnern zweifellos für gefährlich gehalten. Möglicherweise wäre von diesem Zeitpunkt an die äußere Welt eine Gefahrenquelle, die es zu meiden gilt. Außerdem könnte man sich gegenseitig in der Annahme stärken, jetzt erst recht an der jeweils gewonnenen Sichtweise festzuhalten.

Die Höhle steht für die Welt der Erscheinungen und die damit verbundenen Interpretationen und Bewertungen. Die Reise nach draußen steht für den Zugang zum Wissen.

Derjenige, der für Veränderungen einsteht, tritt in eine Welt von Bedeutungen und Interpretationen ein, die in sich geschlossen ist. Andere Sichtweisen als diejenigen, die im Unternehmen miteinander verabredet und sanktionsfrei ausgetauscht werden, müssen als abwegig bezeichnet werden. Der Veränderungsmanager ist jedoch derjenige, der den Auftrag hat, ein System zu analysieren und Vorschläge zu seiner Veränderung zu machen. Deshalb muss er sich Wissen aneignen, das den Rahmen der bekannten Interpretationen verlässt. Dieses Wissen macht ihn angreifbar, sanktionierbar und verschieden von denen, die innerhalb des Rahmens leben und agieren. Ein Veränderungsmanager wirkt auf seine Kollegen deshalb als abgehoben, fremd und „theoretisch".

Konstruktion von Wirklichkeit – unterscheiden und bezeichnen

Die Idee, dass man Informationen wie etwas Objektives sammeln oder handeln könnte, ist weit verbreitet. Großrechner machen uns glauben, dass man nahezu alle Daten sammeln und sich dann zu gegebenem Anlass so verfügbar machen kann, dass man fast lückenlose Informationen besitzt. Nur so ist zu verstehen, dass in Unternehmen heute die so genannte Informationstechnologie als selbstständige Abteilung installiert ist. Sie hat dafür Sorge zu tragen, dass alle Daten zum rechten Zeitpunkt am rechten Ort verfügbar sind. Ein *datawarehouse* als Verwaltungseinheit aller existierenden Informationen ist ein von vielen Unternehmen auf Hochtouren verfolgtes Ziel.

Gregory Bateson (1972, S. 274) definiert „Information" als „jeden Unterschied, der einen Unterschied macht". Was für den einen Information ist (einen Unterschied macht), ist für den anderen keine (macht für ihn keinen Unterschied).

Abb. 16: Der Unterschied, der einen Unterschied macht

Die Bilder, die wir aus der Welt auswählen und in uns aufnehmen, erzeugen eine innere Dynamik. Ein inneres Bild hat einen bestimmten Abstand von der Linse, hat eine bestimmte Tiefenstärke, bestimmte Farbnuancen, Körnungen usw. Auch die dazugehörigen Töne, die sich mit dem Bild einstellen, die unterschiedliche Sprache, die Geschwindigkeit, Tonhöhe, Schärfe usw. tragen zur Unterscheidung von anderen Bildern bei.

Der englische Mathematiker George Spencer-Brown (1979) weist nach, dass alle logischen Strukturen, alle Formen menschlichen Denkens auf solche Unterscheidungen zurückgeführt werden können. Er veranschaulicht diesen Prozess des Denkens, indem er einen Kreis auf ein Stück Papier zeichnet. Dadurch wird eine Grenze gezogen und ein Bereich im Innern des Kreises (ist gleich nicht außen) von dem Raum außerhalb des Kreises (ist gleich nicht innen) getrennt. Mithilfe eines solchen strategischen Mechanismus unserer Wahrnehmungen ziehen wir andauernd Grenzen und unterteilen kontinuierliche Abläufe in diskontinuierliche Abläufe. Wir konstruieren Gegensatzpaare oder Einheiten, die von einer Umwelt abgegrenzt sind. Die Form dieser Einheiten wird gemeinsam von dem gebildet, was durch diese Unterscheidung ein- und ausgegrenzt ist, was sich zu beiden Seiten dieser Grenzziehung befindet.

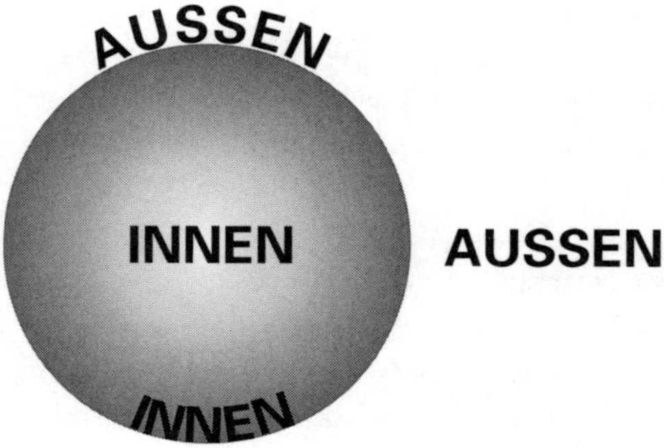

Abb. 17: Die Grenzziehung zwischen innen und außen

Beide Seiten dieser Unterscheidung, die konstruierte Einheit und ihre Umwelt, können bezeichnet werden, ihnen kann ein Name, ein Begriff, ein Zeichen oder ein Wert zugeschrieben werden. Die Fähigkeit des Menschen, Zeichen und Symbole als Bezeichnungen zu handhaben, formt eine Sprache, die das menschliche Weltbild repräsentiert. Mit ihrer Hilfe können wir uns über beobachtbare Phänomene austauschen. Auf dieser Basis entstehen Prinzipien, Auffassungen und Spielregeln, die über moralische und ethische Werte, Gefühle, Vernunft und Bewertungen wie „richtig" und „falsch", „gut" und „böse", „stark" und „schwach" Strukturen formen, die über ihren Gebrauch entstanden sind. Will man wissen, welches die konkreten Bedeutungen solcher Zeichen sind, so muss man überprüfen, welche Bedeutungen derjenige, der sie gebraucht, den beiden Seiten der Unterscheidung innerhalb und außerhalb des jeweiligen Kreises zuschreibt. Wichtig ist, dass die Bedeutung eines Begriffs immer von beiden Seiten der Unterscheidung bestimmt werden kann. In der Kommunikation wird häufig nur aus der Innensicht der Wahrnehmung berichtet (Simon 1997b).

Demnach ist es für die Managementpraxis von gleicher Wichtigkeit, nicht nur zu kennen, dass was die Kriterien für das Gelingen eines Projektes sind, sondern auch, was alles an Kriterien aufgeführt werden kann, um festzustellen, dass ein Projekt nicht gelingt.

Das Gleiche gilt für die Betrachtung von Organisationen. Sie können aus der Außenperspektive oder der Innenperspektive betrachtet werden. Veränderungsprozesse sind aus der Außenperspektive leicht analysierbar und mit besserwisserischen Ratschlägen kommentierbar. In der Innenperspektive ist man vielleicht ratlos, handelt irrational und möglicherweise doch erfolgreich. Wie lässt sich mit diesen unterschiedlichen Perspektiven arbeiten?

Die Außenperspektive

Der radikale Konstruktivismus erklärt, dass es keine Systeme an sich gibt, sondern lediglich Beobachter, die irgend etwas als „System" bezeichnen, z. B. ein Unternehmen, eine Abteilung oder einen Markt (Simon 1995, S. 13 ff.). Beobachter machen Unterscheidungen und grenzen dadurch Einheiten von einer Umwelt ab. Die Schwierigkeit des Beobachters besteht darin, die Feinstruktur des Systems, seine Elemente, ihre Größe sowie die Anzahl seiner Einheiten zu beschreiben. Dabei geht es nicht darum, objektiv richtige oder falsche Unterscheidungen zu treffen, sondern lediglich die Frage zu beantworten, ob bzw. wo diese Unterscheidungen mehr oder weniger nützlich sind. Der Beobachter richtet sich nach der Landkarte seiner Wirklichkeitskonstruktion. Auf der Basis dieses Deutungsrahmens wählt er zielgerichtet einen ihm eigenen Bewertungsmaßstab und ein entsprechendes Modell von Spielregeln (ebd., S. 17).

Bei dieser Methode der Unterscheidung hat es der Manager mit verschiedenen Elementen, Systemen und einer Umwelt zu tun, die allesamt selbst hochkomplex sind. Ihre Wechselbeziehungen bleiben für ihn verwirrend und undurchschaubar. Obwohl er aus diesem Modell keine Verhaltensrezepte ableiten kann, muss er so tun, als ob. Von solcher Qualität ist jedwedes Entscheidungsverhalten von Führungskräften. Sie betrachten die Elemente des Systems Unternehmung als Umwelt und sich selbst ebenfalls als System. Sie konstruieren ihre eigene Logik (vgl. die „Leiter der Schlussfolgerungen", S. 45) und argumentieren auch nur in ihr. Kommunikation ist für sie mit der Absicht verbunden, den anderen seine eigene Logik zu beweisen. Die eingangs zitierten Heldentugenden beschreiben Charaktereigenschaften von Führungskräften, die Verantwortung für das Gelingen eines Projektes übernommen haben. Wer die Verantwortung für den Erfolg eines Systems übernimmt, muss sich Gedanken darüber machen, welche Strategien nötig sind, um es zum Erfolg zu führen. Wird hierzu Kritik geäußert, setzen die beschriebenen Strategien des Abwehrverhaltens und ihre Begründung ein.

Aus der Außenperspektive ist es möglich, Systeme auf diese Weise in ihrer Wirkung zu betrachten. Wenn es gelingt, in dieser Position auf der Beschreibungsebene zu bleiben, werden sozusagen „leidenschaftslose" Unterscheidungen möglich, die zwischen erfolgreichen und nicht erfolgreichen Strategien differenzieren. Werden Sie jedoch interpretiert und bewertet, verlieren sie ihre Distanz und verknüpfen sich mit der Landkarte des Betrachters.

Flussdiagramme, Prozessbeschreibungen, Normen, Standards, Ziele etc. skizzieren die Versuche, Abgrenzungen und Unterscheidungsmerkmale zu formulieren. Jedes dieser Phänomene schafft eine Grenze, die hier oder auch da hätte gesetzt werden können (Simon 1998, S. 34 f.).

Bateson (1972, S. 73) hat diesen Prozess der Grenzziehung und die damit erfolgende Bedeutungszuweisung in einem schönen Dialog mit seiner Tochter beschrieben:

TOCHTER Vati, was ist Instinkt?
VATER Ein Instinkt ist ein Erklärungsprinzip.
TOCHTER Aber was erklärt es?
VATER Alles, beinahe alles. Alles, was du willst, dass es erklären soll.
TOCHTER Sei nicht so lächerlich. Gravitation kann es doch nicht erklären.
VATER Aber das ist nur, weil niemand will, dass Instinkt Gravitation erklären soll. Wenn man es wollte, könnte er das. Wir würden dann einfach sagen, dass der Mond einen Instinkt hat, dessen Stärke sich umgekehrt mit dem Quadrat der Entfernung ändert …
TOCHTER Das ist doch Unsinn, Vati.
VATER Ich weiß. Aber du warst es doch, die Instinkt aufgebracht hat. Nicht ich!
TOCHTER Gut, aber was erklärt dann Gravitation?
VATER Nichts, mein Liebes, denn Gravitation ist ein Erklärungsprinzip.

Dennoch sind die genannten Phänomene nicht Ausdruck von Willkür, sondern Ergebnis eines Aushandlungsprozesses, den diejenigen betrieben haben, die den Auftrag zur Unterscheidung hatten oder ihn sich selbst gaben. Der Vorteil solcher Modelle besteht darin, dass sie einen methodischen Weg aufzeichnen, wie man seine Ziele erreichen kann. Das Management hat die Macht, ein für alle Mitarbeiter gültiges Modell einzuführen, anhand dessen zum Schluss abgerechnet wird. Mit den damit festgelegten Normen, Prinzipien, Standards etc. als Unterscheidungskriterien kann ein System der Vereinfachung erschaffen werden, das Orientierung ermöglicht. Manager brauchen für ihre Entscheidungen eine geistige Landkarte, die ihnen eine Ahnung davon vermittelt, in welchem Planquadrat sie sich bewegen, ob sie angekommen sind oder nicht.

Bedeutsam für die Unterscheidung zwischen Willkür und Aushandlung der im Unternehmen eingeführten Methode ist, inwieweit sie eine Außenperspektive durch einen systemunabhängigen Beobachter (externen Berater) erträgt. Die Einführung einer Außenperspektive schafft die Voraussetzung dafür, aus einer anderen Perspektive das eigene Modell und seine Methoden hinsichtlich seiner impliziten Vorannahmen zu prüfen und einem kritischen Dialog auszusetzen.

Vergessen wir jedoch nicht, dass allzu häufig die Außenperspektive für Unternehmensleitungen politisch einzig und allein dazu benutzt wird, von einer bekannten Beratungsfirma Abweichungen aufdecken zu lassen, die ihre eigene Legitimation nicht infrage stellen. Dennoch können gezielt Verhandlungsmaßnahmen eingeleitet werden. Widerstände seitens der Organisation sind dadurch leichter zu handhaben, dass man die Beratungsfirma zum Schuldigen der Problembeschreibung sowie des daraus eingeleiteten Veränderungsprozesses macht.

Innenperspektive

Sowohl Unternehmen als auch jeder einzelne Mitarbeiter können als zielgerichtete Systeme betrachtet werden. Sie versuchen, durch ihre Organisationsformen und Verhaltensweisen ihr Überleben (wirtschaftlich oder auch physisch) zu sichern. Dabei benutzen sie sich gegenseitig als Mittel zum Zweck: Das Verhalten zum Überleben des Unternehmens dient dem Mitarbeiter, das Verhalten zum Überleben des Mitarbeiters dem Unternehmen. Sie brauchen sich gegenseitig zur Zielerreichung. Zielkonflikte treten dann auf, wenn das eigene Ziel durch das des anderen nicht gefördert wird. Der Konflikt wird nur hörbar, wenn die Interessen, die hinter dem Ziel stehen, neu formuliert und wieder miteinander verknüpft werden können. Aus jeder Innensicht können aber auch erhebliche Unterschiede aufgedeckt werden bezüglich der Wichtigkeit bei der Aufrechterhaltung dieses

Konfliktes für die einzelnen Systeme (Simon 1998, S. 38). Dabei spielen, wie ausgeführt, unterschiedliche Interessen eine wesentliche Rolle.

Der Gewinn für das eigene Leben wird häufig als wichtiger bewertet als der für die Firma, in der man arbeitet. Der Wohlstand der eigenen Familie ist bedeutsamer als der des Betriebes, von dem er bezahlt wird. Was diese Systeme miteinander verbindet, sind menschliche Verhaltensweisen, die vielfältige gewollte und nicht gewollte Wirkungen haben (ebd., S. 40). Was für das eine System nützlich ist, kann für das andere schädlich sein. Begegnungen mit anderen Menschen und der Austausch untereinander kennzeichnen Situationen, in denen jeder versucht, aus der Innenperspektive die Wahrheit seiner eigenen Annahmen zu leben und umzusetzen. In der Kommunikation verfolgt er die Schlüssigkeit seiner eigenen Logik, ohne sie aufzudecken oder aufdecken zu können. Es ist letztendlich immer verwunderlich, wie trotz der Verschiedenheiten der einzelnen Wirklichkeitskonstruktionen Einigungen zustande kommen. Und dies ist letztlich immer eine Frage der Macht. Insoweit gilt noch immer der Satz: „Wer sich durchsetzt, setzt sich durch!" (Ortmann 1976, S. 64).

Die Wechselwirkung von außen und innen

Individuelles Verhalten kann sowohl aus der Innen- wie aus der Außenperspektive bewertet werden. Betrachtet man Verhalten aus der Innenperspektive, muss man zu dem Schluss kommen, dass ein bestimmtes Verhalten, zu dem sich der Einzelne mehr oder weniger bewusst entschieden hat, so und nicht anders gewollt ist. Jeder trifft zu jeder Zeit die ihm bestmögliche Entscheidung. Menschen in Unternehmen bieten sich auf dieser Ebene selbst als Ware an und setzen sich der Nachfrage auf dem Markt aus. Jeder Mensch verhält sich in diesem Sinne immer und überall ökonomisch-rational (Simon 1998, S. 40 ff.). Erhält er eine Anstellung, so arbeitet er unter den Bedingungen eines Arbeitsvertrages. Nicht immer deutlich ist, dass er damit seine Marktfreiheit, die er als Verbraucher in seiner Freizeit hat, während seiner Arbeitszeit unter das Direktions- und Weisungsrecht seiner Arbeitgeber stellt (Heinze 1980, S. 38 ff.). Ein anderes kritisches Feld entsteht, wenn ein objektiver Beobachter Entscheidungen der Menschen im Unternehmen aus der Außensicht beobachtet. Solche Entscheidungen wirken dann häufig nicht rational oder ökonomisch, sondern vielleicht vollkommen unsinnig.

Derjenige, der allerdings in einer konkreten Entscheidungssituation steht und eine Auswahl unter den ihm zur Verfügung stehenden Möglichkeiten treffen muss, hält seine Entscheidungsfindung immer für rational.

Die Bewertung einer Entscheidung ist aus der Innen- und der Außenperspektive unterschiedlich. Sie ergibt sich aus den unterschiedlichen Bewertungsmaßstäben, Annahmen und subjektiven Erfahrungen, die ein Mensch als Metaphern oder Landkarten in sich trägt. Bewertungen von Verhaltensweisen sind eng an den Prozess der Konstruktion von Wirklichkeit gebunden. Dieser wird weitgehend von der Fokussierung der Aufmerksamkeit in der Kommunikation geleitet. Wir haben schon in der „Leiter der Schlussfolgerungen“ (S. 45) gesehen, dass nur wahrgenommen wird, was man selbst für wahr hält. Phänomene, die nicht als unterschiedliche Phänomene bezeichnet werden, können keine kommunikative Bedeutung und Bewertung gewinnen. Bilder, die nicht wahrgenommen werden, können nicht verhandelt werden. Auch Dinge erhalten erst einen Wert, wenn man ihnen einen *persönlichen* Wert beimisst. Spricht man also über Wert, so kann man damit beschreiben, welche Wichtigkeit einer Wahrnehmung zukommt.

Die Außenperspektive nimmt sich die Hoheit über die Auswahl der Kriterien und Methoden der Beobachtung. Wer Interaktion aus der Außenperspektive beobachtet, kann sich daraus jederzeit Abrechnungsmodi ausdenken, die aussagen, wie „erfolgreich“ ein bestimmtes Verhalten für die Unternehmung ist, welche Nützlichkeit es besitzt und welche Effektivität es hinsichtlich eines angelegten Maßstabes aufweist. Aus der Außenperspektive lassen sich auch Spielregeln erkennen und bewerten sowie Entscheidungsprozesse rekonstruieren oder vorschreiben. Letztendlich vermag sie die „Logik des Misslingens“ (vgl. Dörner 1989) wie auch die des Gelingens zu skizzieren. Eine gewisse Art der Besserwisserei ist nur aus der Außenperspektive möglich.

Eine Organisation braucht, um die vielen verschiedenen Glaubenssysteme miteinander zu verbinden, eine Systematik, die die Steuerung des Gesamtsystems garantiert. Eine Hierarchie hat den stufenweisen Filterungsprozess unterschiedlicher Glaubenssysteme so zu organisieren, dass sie zusammenpassen, Hierarchie und Macht sorgen dafür, dass sie durchgesetzt werden.

Dieselben Ereignisse führen bei verschiedenen Beobachtern, abhängig von den Bedingungen ihres Beobachtens, zu unterschiedlichen Wahrnehmungen und Weltbildern. Jeder Mensch lebt in seiner eigenen Wirklichkeit, auch wenn er sich in weiten Bereichen mit seinen Mitmenschen auf eine gemeinsame, gerne „objektiv" genannte Sicht der Realität einigt. Der Beobachtungsstandpunkt bestimmt, was geschehen wird. Das ist gerade das Problem von Zielkaskaden in Unternehmen. Wenn ein Ziel von oben vorgegeben wird, so ist noch lange nicht sicher, ob sich auch ein gemeinsames Verständnis davon entwickeln wird.

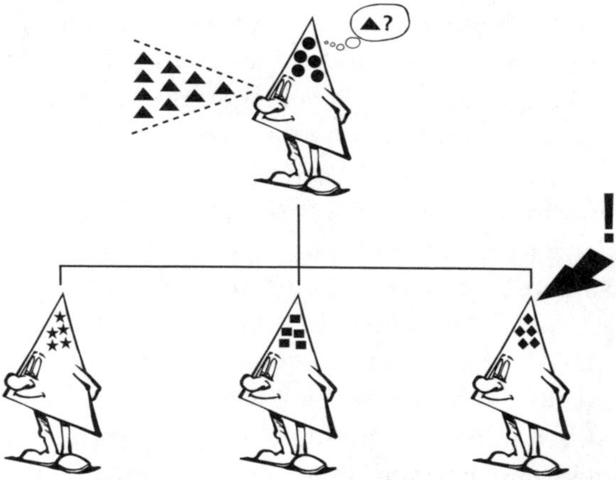

Abb. 18: Der Beobachtungsstandpunkt bestimmt auch in der Hierarchie, was geschehen wird

Die Klärung von Innen- und Außensicht wird häufig zu einem subtilen Machtspiel zwischen demjenigen, der eine Beobachtung macht, sie aufgrund seiner Wahrnehmungskonstruktion interpretiert und bewertet (Außenperspektive), und demjenigen, der von der Innenperspektive aus argumentiert. Beide sind von der Richtigkeit und Logik ihrer Sichtweise überzeugt (Castaneda 1976, S. 106 ff.). Von daher reicht die Hierarchie zur Ordnung des Umgangs mit der Umwelt nicht aus.

Dennoch skizziert dieser Prozess den Unternehmensalltag: Die Führungskraft beobachtet die Organisation, die Abteilung, das Team, indem sie das beobachtete Feld zur Umwelt macht. Die Bewertungen der Beobachtung werden erst dann zu einem Problem, wenn die Unterschiedlichkeit der Perspektiven nicht bemerkt wird. Dann wird der Beobachter zum einsamen Rufer in der Wüste, dem entweder niemand zuhört oder der sich ständig durchsetzen muss.

Wenn wir hier ein Zwischenfazit ziehen, so muss es lauten: Die Komplexität ist gewaltig, die Systeme, Methoden, individuellen Charaktereigenschaften, Strategien und Taktiken sind kompliziert miteinander verwoben. Man kann deshalb vielleicht theoretische Veränderungsprojekte entwerfen, aber es bleibt völlig offen, ob die Menschen diese auch annehmen. „Menschen lassen sich nicht verändern!“ Auch wenn solche und ähnliche Formulierungen uns während eines Veränderungsprozesses manchmal zur Weißglut bringen können, muss man doch vermuten, dass hinter diesen Worten eine Weisheit steckt, die wir allerdings nicht ohne weiteres akzeptieren wollen. Wenn also verschiedene Betrachter zu unterschiedlichen Wahrnehmungen der Realität kommen, dann kann Veränderung doch eigentlich nur praktiziert werden, indem ein Bild für gültig erklärt und dann machtvoll zur Umsetzung gebracht wird. Viele organisationstheoretische Ansätze sind deshalb von der Vorstellung geleitet, dass der Veränderungsimpuls vom Umfeld ausgeht (vgl. Kontingenztheorie). Umfeldveränderungen werden als Herausforderung betrachtet, auf die eine Organisation reagieren bzw. an die sie sich anpassen muss. Wer dieser Idee folgt, wird annehmen, dass Veränderungsstrategien eine Frage der Durchsetzung und Intensität von Beharrlichkeit sind. Solange eine höhere Hierarchieebene penetrant behauptet, dass die Welt so und nicht anders sei, werden Berater und Trainer organisiert, die dafür sorgen, dass diese Weltsicht in die Köpfe der Menschen kommt. Das ist so lange in Ordnung, wie man meint, die Menschen seien so manipulierbar, dass sie jedwede Verhaltensweise kongruent erlernen könnten (übrigens: Leichte Abweichungen werden in Kauf genommen).

Merkmale sozialer Systeme

Diese Grundidee wird von einem neuen Ansatz der Systemtheorie infrage gestellt, der von Maturana und Varela entwickelt worden ist. Demnach sind alle lebenden Systeme organisatorisch geschlossene, autonome Interaktionssysteme, die sich immer nur auf sich selbst beziehen. Die Idee der offenen Systeme ist für sie das Ergebnis eines von außen an das Objekt der Betrachtung herangetragenen Deutungsversuches. Sie stellen die Unterscheidung von System und Umwelt infrage und entwickeln damit eine ganz neue Sichtweise.

Nach Maturana und Varela (1987) zeichnen sich lebende Systeme durch die drei folgenden Merkmale aus: Autonomie, Zirkularität und Rekursivität. Diese Merkmale formen die Fähigkeit zur Selbsterhaltung und -erneuerung. Der Begriff der Autopoiesis beschreibt diese Selbstentwicklungsfähigkeit in einem geschlossenen Beziehungssystem. Letztendlich ist das Ziel jedes Systems, sich selbst hervorzubringen und damit eine Organisation zur Erhaltung der eigenen Identität zu formen.

Veränderungen werden demnach unter die eigene Identität gestellt, um die Organisation des Selbst in dem jeweiligen Bezugssystem aufrechtzuerhalten. Veränderungsanstöße ziehen also immer einen Stabilisierungsprozess nach sich. Dies geschieht aufgrund zirkulärer Interaktionsmuster, die sich gegenseitig beeinflussen; dadurch werden sie zu kontinuierlichen Interaktionsmustern, die immer rekursiv sind. Rekursiv bedeutet, dass ein System keine Interaktion eingehen kann, die nicht im organisationseigenen Beziehungsmuster festgelegt ist. Interaktion mit der Umwelt heißt also nichts anderes, als dem Spiegelbild seiner eigenen Organisation zu folgen, nach dem die Umwelt in Wirklichkeit Teil seiner selbst ist. Es kann als Phänomen letztlich nur wahrgenommen werden, was das System selbst definiert (Suzuki 2001, S. 76).

Dass lebendige Systeme geschlossene und autonome Systeme sind, heißt jedoch für Maturana und Varela nicht, dass sie damit auch isoliert sind. Ihre Aussage bezieht sich nur auf die Organisation selbst. Die Geschlossenheit oder eben Rekursivität erfüllt einzig den Zweck, stabile Beziehungsmuster aufrechtzuerhalten, damit ein System als System identifiziert werden kann. Um die Struktur eines Systems zu erfassen, ist es notwendig, die Zirkularität des Interaktionsmusters zu entdecken, das das System als System definiert. Eine Systemanalyse durchzuführen bedeutet, dieses zirkuläre Beziehungsmuster aufzudecken. Das System kann sich nur durch sich selbst beschreiben. In der Zirkularität seiner Interaktion lässt sich die Identität erleben, ohne dass sie selbst Gegenstand der Beschreibung wäre. Die Art der Verarbeitung von Wirklichkeit zeigt den Prozess, wie sich Identität erfüllt (Königswieser u. Exner 2001, S. 19).

Nach dieser Auffassung des Prozesses der Autopoiesis kann eine zufällige Abweichung auch den Auslöser dafür liefern, dass die Entstehung und Entwicklung neuer Identitätssysteme möglich wird. Zufallsveränderungen können Interaktionen in Gang setzen, die sich durch das gesamte System fortsetzen. Das System versucht, diese

Art Störungen der eigenen Identität durch kompensatorische Maßnahmen auszugleichen. Gelingt dies nicht, entsteht eine neue Beziehungskonfiguration bzw. eine neue Identität.

Im unternehmerischen Alltag erleben wir Störungen, die trotzt aller Anstrengungen der Hierarchie nicht stabilisiert werden können. Ein Mitglied der Marketingabteilung propagiert z. B. eine andere Produkteinführungsstrategie als alle übrigen Mitglieder der Abteilung, da es eine grundsätzlich andere Sicht auf den Markt und seine Potenziale hat. Bemüht sich dieses Mitglied um Koalitionen im eigenen Unternehmen, und gelingt es nicht, diese zu integrieren, muss eine neue Systemidentität entstehen, will die Abteilung überleben. Das bedeutet praktischerweise, eine neue Identität zu schaffen, indem das betreffende Mitglied eine eigene Firma aufmacht (oder seine Identität auf dem Arbeitsamt weiterlebt).

Die Theorie der Autopoiesis ermutigt uns, die Umgestaltung oder Evolution lebendiger Systeme als Ergebnis intern erzeugter Veränderungen zu verstehen. Im Gegensatz zu der Behauptung, dass sich das System an eine Umwelt anpasst oder dass die Umwelt die Systemkonfiguration auswählt, die überlebt, geht es bei der Autopoiesis um die Art und Weise, wie das gesamte Interaktionssystem seine eigene Zukunft gestaltet. Es ist das Muster oder das Ganze, das entsteht, wenn ein Impuls die Identität zur Verarbeitung herausfordert.

Eine kreative Interpretation der Theorie trägt erstens zu der Erkenntnis bei, dass Organisationen ständig bestrebt sind, eine Form der rekursiven Geschlossenheit in Bezug auf ihr Umfeld zu erreichen, wobei sie ihr Umfeld als Projektion ihrer eigenen Identität oder ihres eigenen Selbstbildes inszenieren. Zweitens können wir so besser verstehen, dass viele Probleme, vor die sich Organisationen im Zusammenhang mit dem Umfeld gestellt sehen, eng mit der Identität zusammenhängen, die sie aufrechterhalten wollen. Drittens können wir so erkennen, dass Erklärungen zu Wachstum, Veränderung und Entwicklung von Organisationen ihr Hauptaugenmerk auf Faktoren lenken müssen, die das Selbstbild von Organisationen und damit ihre Beziehung zum weiteren Umfeld prägen. Letztendlich zeigt sich in jeder Phase dieses Prozesses der Versuch der Identitätserhaltung.

Wenn wir den Inszenierungsprozess des Lebens als einen Versuch betrachten, eine Organisationsform der Geschlossenheit in Beziehung zum Umfeld zu erreichen, bekommt der gesamte Gedanke zur Veränderungsarbeit eine ganz neue Bedeutung. Wir erkennen nämlich, dass die Inszenierung nicht nur eine Folge der Wahrnehmung ist, bei der wir bestimmte Dinge hervorheben, während wir andere ignorieren oder herunterspielen, sondern dass es sich dabei um einen sehr viel aktiveren Vorgang handelt. Indem sich die Organisation auf ihr Umfeld projiziert und diese dadurch organisiert, schafft sie die Voraussetzung dafür, in Beziehung zu diesem Umfeld so zu agieren, dass sie sich selbst hervorbringen kann. Wenn eine Organisation ihre Umwelt „betrachtet" oder Vorstöße unternimmt, deren Wesen zu untersuchen, dann sollte sie davon ausgehen, dass sie im Grunde eine Möglichkeit schafft, sich selbst und ihre Beziehung zu diesem Umfeld zu verstehen. Das gilt genauso für den Berater, der aufgefordert ist, in einer Unternehmung einen Veränderungsprozess zu initiieren. Auch er projiziert seine Identität mit allen ihm eigenen Erklärungsprinzipien so auf die Unternehmung, dass er dort nur die Probleme findet, die er dort selbst kreiert hat.

Das bedeutet andererseits auch, dass nicht die Anstöße und Erfordernisse der Umwelt eine Organisation zu ganz bestimmten Handlungen, Reaktionen, Veränderungen veranlassen, sondern dass die Struktur der Organisation bestimmt, welche Anregungen aus der Umwelt überhaupt als solche wahrgenommen werden und zu welchem Wandel es gegebenenfalls kommt.

Die gegenseitigen Beeinflussungen von Organisation und Umwelt (Kunden, Mitbewerbern, gesellschaftlichen und gesetzlichen Faktoren, Beratern usw.) führen immer wieder wechselseitig zu Strukturveränderungen. Dieses Aufeinanderbezogensein wird als strukturelle Koppelung bezeichnet.

Ein Beispiel dazu ist die Geschichte der Entwicklung der PC-Welt und ihres Einflusses auf Organisationen: Die immer kürzere Verarbeitungszeit der Rechner, ihre Größe und die Softwareentwicklung veränderten die Infrastruktur von Unternehmen. Die Unternehmensstrategen wurden durch den PC zu Gedanken hinsichtlich Organisationsprozessen und -strukturen angeregt, sie mussten Abläufe denken, die sich in der PC-Welt auch darstellen lassen. So erschuf man sich gegenseitig eine eigene Wirklichkeit, die sich immer selbst bestätigt. Die Lebensfähigkeit von Organisationen hängt davon ab, ob es ihnen gelingt, in einer sich wandelnden Umwelt fortzubestehen, indem sie sich aneinander anpassen, ohne dabei ihre Identität zu verlieren.

Für den Organisationsentwickler ist es wichtig, die Strategie, das Muster zu entdecken, das hinter einer Handlung steht, um die Zirkularität der Identitätsfindung der Organisation zu analysieren und mit methodischer Hilfe zu unterstützen.

Interessanterweise kann man in Unternehmungen immer wieder erleben, dass Organisationseinheiten, wenn sie unter Druck geraten, erstaunlich schnell Ordnung herstellen. Über die Bewertung der Ordnung kann man geteilter Meinung sein. Auch ein Abschotten vor Veränderungsmaßnahmen setzt ebenso Ordnung voraus wie ein offenes Mitgestalten. Konsequenz dieser Sicht ist eine viel größere Bescheidenheit in Bezug auf den Eigenanteil an der Veränderung, sowohl seitens der Führungskräfte als auch seitens der Berater: „Organisationen verändern sich ständig, selbstverständlich, leicht und reaktiv; aber Veränderungen innerhalb von Organisationen können nicht einfach angeordnet und kontrolliert werden. Organisationen tun in der Regel nicht, was von ihnen erwartet wird" (March 1984, S. 58 ff.).

Das soziale System der Unternehmung ist so komplex, dass deshalb eine Komplexität im Umgang mit ihr erforderlich ist. Komplexität bezeichnet den Grad an Vielschichtigkeit, Vernetzung und Folgelastigkeit eines Entscheidungsfeldes" (Willke 1987, S. 16).

Komplexität löst in der Regel Gefühle von Unüberschaubarkeit und Instabilität aus. Daraus resultieren eine Vielzahl von Handlungsproblemen: Will man Abläufe in einer Organisation zeitnah kommunizieren, muss man einerseits verkürzende Beschreibungen und Vereinfachungen benutzen. Andererseits folgt aus der Komplexität, dass es stets mehr Möglichkeiten gibt, als aktualisiert werden können, und dass daher die verantwortlichen Gestalter von Organisationen, Führungskräfte und Berater, ständig gefordert sind, einzelne Möglichkeiten auszuwählen und andere zu verwerfen.

Mit dieser notwendigen Auswahl sind auch die Fragen danach verknüpft, wer bestimmt, was relevant sein soll und was nicht – und mit welchen Mitteln und Strategien dies erreicht werden soll: Wer entscheidet im Unternehmen über eine neue strategische Geschäftseinheit, wer entscheidet, welche mehrjährigen Ziele Gültigkeit haben sollen usw.?

Konsequenz für die Gestaltung

Rezepte und „How-to-do"-Anweisungen können nur bedingt komplexe Systeme steuern. Dies ist eine Absage an die Brauchbarkeit traditioneller Versuche, Komplexität zu bewältigen: Probleme wurden analysiert und vereinfacht (zerstückelt, zerkleinert), in Teildisziplinen und -fragen zerlegt und von den jeweiligen Spezialisten (in

Abteilungen, Stäben oder wissenschaftlichen Spezialbereichen) behandelt. Managementinformations- und -verarbeitungssysteme haben uns glauben gemacht, dass dies der richtige Weg sei, Unternehmen zu managen. Es kann dadurch zwar mitunter leichter in die Tiefe gearbeitet werden, jedoch um den Preis, dass relevante Vernetzungen und der größere Zusammenhang dabei verloren gehen. Die Wirklichkeit in sozialen Systemen wird nicht bestimmt durch Kostenbetrachtungen oder Finanzanalysen, sondern durch die Zirkularität ihrer eigenen Ordnungsprozesse.

Als Auslöser für Organisationsentwicklungsprozesse steht häufig eine (scheinbar) abgegrenzte Frage oder ein Problem. Aufgabe des Organisationsentwicklungsbegleiters ist es, in dieser Phase die Beteiligten zu einer Sichtweise anzuregen, die das Bewusstsein für die Komplexität erhöht – in Bezug sowohl auf die Ausgangssituation als auch auf die Lösungen.

Reduktionistische Lösungen, wie sie durch den analytischen Zugang gefördert werden, sind unzulänglich, oft gefährlich. Es sind Beispiele für Lösungen, die zwar ökonomisch kurzfristig erfolgreich, aber ökologisch fragwürdig sind.

Einige typische Schwierigkeiten und Fallen im Umgang mit komplexen Situationen:

- isolierte Zielbildung
- Hinnahme von Idealvorstellungen
- Annahme linearer Trends
- Verkennen zeitverzögerter Wirkungen
- Tendenz zur Überdosierung, Übersteuerung
- isolierte Einzelmaßnahmen
- gewaltsame Lösungsversuche

Die vielen Organisationsentwicklungsprozesse, die ich in meiner lagen Beratungstätigkeit durchgeführt habe, folgten immer dem Weg, vorhandene, sprich traditionelle Managementtechniken zu nutzen und sich ihre Verkürzungen bewusst zu machen. Menschen, die lernen, durch Zweifel an ihren eigenen Interpretationsmustern aufmerksamer für Möglichkeiten zu werden, entwickeln die Sensibilität, die nötig ist, um der Verantwortung für ihre Aufgaben Rechnung zu tragen. Die Zukunft einer Unternehmung bestimmt sich nicht durch Menschen, die verkürzen, anordnen, durchsetzen und Ergebnisse produzieren, sondern durch solche, die der Komplexität und der Ökologie unseres Alltags Rechnung tragen.

Der Weg zu neuen Mythen: Veränderungskonzepte entwickeln

Was kann man denn überhaupt noch tun, wenn überall die Komplexität Zweifel an der Entscheidbarkeit weckt? Zu viel, zu wenig, zu groß, zu klein, suchen wir einen Übermenschen? Sind wir mit so viel Bedenken eigentlich noch handlungsfähig? Ist eine mögliche Enttäuschung bedeutsamer als der aufrechte Versuch (Nietzsche 1883/84)? Wie viel Sensibilität kann denn ein Veränderungsmanager entwickeln, und vor allem, kann er bei so viel benötigtem Fingerspitzengefühl überhaupt noch etwas bewegen?

Wird eine Unternehmung, die die Sensibilität für Komplexität erhöhen will, zur „Quasselbude"?

Die Idee, Theorie und Methodenmetaphern, die wir vorgestellt haben, als Voraussetzung für eine Sensibilität zur Veränderungskompetenz zu fordern, würde selbst wieder zu einem Mythos führen. Damit würde sich der Kreis schließen. Wie wir gesehen haben, entwickeln sich soziale Systeme ständig weiter. Diejenigen, die Veränderung wollen, werden hinsichtlich der Zirkularität der Verarbeitung nur das erreichen können, was das System für strukturell machbar hält. Deshalb braucht der Veränderungsmanager keine Angst vor neuen Konzepten zu haben. Er kann ohnehin nicht mehr erreichen, als Anstöße zu geben, um das System zu rütteln und dann zu beobachten, wie die Organisation wieder ihre Ordnung herstellt. Selbst der Einsatz von Macht führt nur zu den Ergebnissen, die Organisationen für sich gestatten. Dies beschreibt, mit welcher Bescheidenheit eigentlich ein Veränderungsmanager auf seine Arbeit blicken sollte. Allerdings muss man von ihm erwarten, dass er weiß, was er tut, und dies auch transparent machen kann.

Was immer der nächste Schritt in einem Organisationsentwicklungsprozess ist, er wird eine neue Metapher erschaffen und Grundlage von Sagen und Märchen werden. Außerdem erfordern neue Konzepte zur Veränderung einer Organisation mehr als die bloße Veränderung individueller Haltungen und Verhaltensformen (Pirsig 1976). Da helfen auch keine noch so markigen Reden darüber, wie das Top-Management das Verhalten vorlebt, wenn es nicht beschreiben kann, wie man das erlernen kann. Die Rollen, Netzwerke und die formale Struktur der Organisation müssen eine neue Form erhalten. Das ist der Hebel, über den man Bewegung einleiten kann. Der Veränderungsmanager wird zum sozialen Architekten, der soziale Beziehungen und Strukturen herausfordert, um eine Organisation neu zu gestalten. Dabei zeichnen sich neue Konzepte eher hinsichtlich ihrer Wirkung, die sie auf den Verarbeitungsprozess innerhalb der Organisation ausüben, als hinsichtlich ihrer stringenten Umsetzung aus.

Es mag anmaßend und übertrieben erscheinen, den Akt der Gründerväter als Rollenmodell für industrielle Veränderungen zu benutzen, sei es auf Geschäftsführerebene, auf den Bereichs- und Abteilungsleiterrängen oder im mittleren Managementbereich der Organisation. Aber er liefert einen methodischen Weg für die Art von Prozess, dem man folgen muss – vor allem die kreative Führung, zurückgehend auf das Diktum, das diese frühen Innovatoren leitete: „Denke wie ein Mann der Tat, und handle wie ein Mann des Geistes." Das bedeutet, handlungsorientierte Lösungen zu denken und Sensibilität bei der Umsetzung zu zeigen! Triff Entscheidungen, aber prüfe ihre Wirkung!

Der Veränderungsmanager hat es mit einem anspruchsvollen Problem sozialer Architektur zu tun. Dabei geht es nicht um den Neubau einer Institution, sondern um eine große Renovierung. Um das Neue aus dem Alten herauszubilden, muss man die Zwänge und Möglichkeiten, die es in der Vergangenheit gab, würdigen und die Notwendigkeiten der Zukunft daran messen. Seine Aufgabe besteht darin, von einer Mission oder einem Grundauftrag zu einem entwickelten Katalog von Plänen zu gelangen, sodass ein langfristiges, andauerndes Muster von Umsetzungsprozessen Teil der Organisation werden kann. Außerdem sprechen wir, um die architektonische Metapher weiter fortzuführen und sie auf das Vokabular der Renovierung zu verkürzen, darüber, sich ein vorhandenes Gebäude vorzunehmen, seine äußere Struktur zu nutzen, um dann auf irgendeine Art zu etwas Neuem zu kommen. Im architektonischen Bereich kann man dafür als Beispiel die Renovierung einiger alten Fabriken in Deutschland, die zu Bürokomplexen umfunktioniert wurden, nehmen, die dann später zu Hightech-Unternehmen oder aufregenden Einkaufslandschaften umgebaut wurden. Die Form des Alten begrenzt und schränkt ein, aber man nutzt die alte Identität, um sie neu erblühen zu lassen.

Wir alle sind im großen Geflecht sozialer Beziehungen gefangen. Diese sozialen Netzwerke definieren, wer wir sind (etwa Vater, Mutter, Chef, Kollegen), und genauso, wer die andern sind, die mit uns in Beziehung stehen (etwa Sohn, Tochter, Untergebene). Der Veränderungsmanager muss das System alter sozialer Netzwerke kreativ zerstören und neu aufbauen, um eine sinnvolle Veränderung zu bewerkstelligen. Dabei bleiben die Identitäten (Rollen) unberührt. Dies macht vor allem deutlich, worum es bei einem Veränderungsprozess geht: Wir lassen die Identität der Menschen unberührt, stattdessen konzentrieren wir uns auf das Geflecht ihrer Beziehungen. Über diesen Weg schaffen wir für den Einzelnen neue Herausforderungen, aber wir demontieren nicht seine Persönlichkeitsstruktur. Wir stören und irritieren das System, damit es sich sowohl seiner zirkulären Muster bewusst wird als auch zu kreativen Lösungen herausgefordert wird. Leider kennen wir aus Change-Prozessen zur Genüge, dass es dabei häufig nicht um Bewusstmachung, sondern um das Ausspielen neurotischer Machtgelüste geht. Die damit verbundenen persönlichen Krisen sind weder für die Betroffenen noch für die Berater nachvollziehbar. Wir raten deshalb, den Blick ausschließlich auf die Netzwerkstrukturen zu richten. Dabei soll vor allem ihre Gesamtheit geschlossen bleiben. Ein Manager kommentierte dieses Vorgehen mit den Worten: „In die Räume einziehen ja, aber die Möbel müssen Rollen haben, damit sie je nach Situation umgestellt werden können!"

Es überrascht nicht, dass zu Beginn des Prozesses viele kreative Ideen, die das Veränderungsgeschehen begleiten sollen, von außen ins Unternehmen kommen. Sicher hat eine Führungskraft, die seit einiger Zeit an Ort und Stelle ist, es besonders schwer, wenn sie die Verantwortung für die Neubelebung des Unternehmens übernehmen soll. Eine Führungskraft ist in einem bestehenden Netzwerk von Freundschaften und politischen Allianzen gefangen, gleichzeitig soll sie ein Netzwerk erfinden, das die zukünftige Richtung des Unternehmens besser unterstützt. Grundlage dieser Überlegung sind eine Vision und der Grundauftrag, die Mission, der Rahmen, die bestimmen, wer mit wem zusammenarbeiten wird. Diese Grundstruktur zu formulieren ist nicht so schwierig, wie das soziale Gerüst der Organisation neu zu bauen und alte Bande zwischen Menschen zu kappen, um neue Bande zu etablieren. Die größte Herausforderung ist das eigene Verstricktsein im Netzwerk der Organisation. Da haben es externe Berater natürlich einfacher. Sie repräsentieren die Außensicht und stehen den Netzwerken leidenschaftsloser gegenüber.

So besteht die Herausforderung für das Management, bei der Begleitung von Veränderungsprozessen vor allem darum sein eigenes methodisches Konzept zu finden und sich mit einer hohen Achtsamkeit der Unternehmung zu nähern. Dieselbe Art von Dynamik taucht auch in Beziehungen zu anderen Menschen auf. Wir haben Rollen zu spielen, die von anderen definiert wurden, und diese haben Erwartungen an uns. Der Mensch lebt immer innerhalb von Netzwerken. Diese sind miteinander verbunden, die Menschen, mit denen wir zu tun haben, sind wiederum in ihren eigenen Netzwerken eingebettet. So bestehen die Kommunikation und der Austausch unter Individuen aus verschiedenen Strömen – Informationen, Einflüssen und einigen emotionalen Banden wie Freundschaften und gemeinsamen Werten.

Netzwerke sind Ausgangspunkte für anstehende Maßnahmen. Über die Netzwerke definieren wir unser Selbstbild und unsere Selbstwertgefühle. Das alltägliche Leben in Netzwerken ist der Versuch, durch Projektionen aus der eigenen Identität sich im Verbund mit anderen zu erschaffen und zu behaupten. Das Fehlen signifikanter Netzwerke wird als Zeichen schlechter sozialer Anpassung gesehen. Ohne soziale Verankerung ist der Mensch führungslos. Émile Durkheim (1961, S. 56 ff.) beschrieb das Fehlen von Netzwerkverbindungen als Anomie oder ein Gefühl der Bedeutungslosigkeit. Eine Organisation im Übergang läuft Gefahr, für viele ihrer Mitarbeiter so etwas wie eine Anomie zu schaffen. Netzwerke werden zerstört, weil man auf die neuen hofft. Ein Veränderungsmanager muss daran arbeiten, ein neues Bündel von sozialen Netzwerken mit neuen Strömungen und Verbindungen aufzubauen. Dafür steht er in der Verantwortung, für die damit verbundenen individuellen Psychodynamiken nicht.

Betrachten wir die zirkulären Prozesse, mit der sich die Organisationen selbst bestätigen, als Cluster von Menschen, die durch eine Vielzahl von Strängen miteinander verknüpft sind. Diese Cluster übermitteln:

1. *Waren und Leistungen*, d. h. Menschen innerhalb der Gruppen im Unternehmen, aber auch Rohstoffe, Unterstützung bei Marktforschung und Leistungen im Finanz- und Rechnungswesen
2. *Information* in Bezug auf die Organisationen im Umfeld
3. *formelle Befehle* wie auch informelle Überzeugungsversuche
4. *Affekt*, d. h. Freundschaften unter Individuen.

Formale Strukturen oder vorgegebene Netzwerke bestehen aus Menschen, die aufgrund eines organisatorischen Entwurfs in Abteilungen, Arbeitsgruppen, Projekten und Komitees zusammenarbeiten. Informelle Strukturen oder entstehende Netzwerke wie Koalitionen und Cliquen kommen, im Gegensatz zu formalen Strukturen, ohne organisatorische Sanktionen zustande. Sie haben eigene Sanktionsmittel entwickelt, um sich vor Bedrohungen zu schützen und am Leben zu erhalten. Vorgegebene Netzwerke sind typischerweise auf Organigrammen dargestellt. Klare Unterscheidungen werden hierbei zwischen vorgegebenen und selbst entwickelten Netzwerken getroffen, um die Tatsache hervorzuheben, dass innerhalb der Organisation eine Vielzahl von interpersonellen Arbeitsarrangements existieren, die aus vielerlei Beziehungstypen hervorgehen. Nur ein Teil der organisatorischen Struktur ist vorgegeben. Es entstehen ungeplante Strukturen und Verhaltensmuster in jeder Organisation.

Unter manchen Managern und in einem großen Teil der Managements- und Organisationsliteratur wurden diese entstehenden Strukturen und Verhaltensmuster irreführenderweise „die informelle Organisation“ (von Rosenstiel et al. 1972, S. 33 ff.) genannt und oft als unerwünscht bezeichnet. Tatsächlich sind sie neutral und nehmen wünschenswerte oder nicht wünschenswerte Charakteristika an, je nachdem, wie sie gemanagt werden. So werden zum Beispiel in manchen Forschungs- und Entwicklungsabteilungen vorgegebene Organigramme nicht beibehalten, weil die ganze Arbeit durch die entstehenden Netzwerke getan wird – durch Gruppen von Leuten, die entsprechend den Erfordernissen der Aufgabe in vielerlei Hinsicht interagieren. Das mag mitunter chaotisch wirken, ist aber nützlich.

Aus der Überprüfung von Informationsnetzwerken – wer tauscht mit wem Informationen aus? – erhält man Konzepte und Werkzeuge zu analysetechnischen Aspekten von Organisationen. Um zu verstehen, was in Vertriebsorganisationen vor sich geht, muss man die Informationsaustauschnetzwerke aufzeichnen. Dann ist es möglich, organisatorische Probleme zu erkennen, die entstehen, wenn beispielsweise Vertriebsmitarbeiter dieser Abteilung Informationen mit Kunden austauschen und neue Ideen entwickeln, aber nicht systematisch mit der Organisation verknüpft sind.

Die Überprüfung von Einflussnetzwerken – zu sehen, wer wen womit beeinflusst – liefert die Konzepte und Werkzeuge für die politische Analyse (Politikmetapher).

Schließlich wird das Denken einer Organisation auch dadurch verständlich, dass man die freundschaftlichen und feindlichen Beziehungen freilegt. Denn vor allem durch solche Beziehungen werden die Werte und Formen des Denkens verbreitet und verstärkt (Kulturmetapher).

Die Kenntnis des Organisationsaufbaus und seiner Abläufe hilft, das Reparaturverhalten der Menschen zu verstehen (Ingenieurmetapher), das wieder eine reibungslose Funktionsweise herstellen soll. Außerdem brauchen sie eine Methode, um die Bedürfnisstruktur und Motivationsfaktoren (Bedürfnis- und Unternehmensmetapher) der Organisationsmitglieder erklärbar zu machen.

Wenn der Veränderungsmanager eine einigermaßen genaue Vorstellung davon hat, wie Netzwerke funktionieren und wer sie beeinflusst, dann kann er viel darüber lernen, wie Organisationen funktionieren, wie sie Probleme oder Lösungen „machen“. Das bedeutet, dass Veränderungsmanagement per Herumlaufen innerhalb der Unternehmung keine Aktivität am Rande ist. Die richtige Person im Flur zu sprechen oder Informationen oder gar etwas Ermutigendes auszutauschen kann verschiedene Cliquen und Koalitionen in der Organisation beeinflussen. Die Herausforderung für denjenigen, der Veränderungen begleitet, besteht darin, die Netzwerke nicht nur zu benutzen, sondern sie gleichzeitig zu Umgestaltungsprozessen anzustacheln.

Das Einwirken sozialer Netzwerke auf das Übergangsmanagement ist tief greifend. Soziale Strukturen und ihre Interaktionen bilden das Netzwerk von allen Systemen. Das technische System wird weitgehend von arbeitsbezogenem Informationsaustausch zusammengehalten (Ingenieurmetapher). Das politische System besteht aus wechselseitigen Einflüssen zwischen Interessen, Konflikten und Macht (politische Metapher), während das kulturelle System durch gemeinsame Leitwerte in der Organisation aufrechterhalten oder provoziert wird (Kulturmetapher). Auch die durch gemeinsame Bedürfnisbefriedigung miteinander verbundenen Menschen und ihre Netzwerke (Bedürfnismetapher) unterstützen oder behindern Entwicklung. Um eine Organisation zu verändern, muss man sich mit den sozialen Netzwerken in allen Systemen befassen.

Zu den Anpassungsprozessen in einer Organisation gehören das Verstopfen und Neuöffnen von Informations- und Einflusskanälen. Veränderungen in den Aufgabenerfordernissen technischer Systeme führen zu großen Veränderungsdeterminanten in den Informationskanälen. Die Hauptveränderungsdeterminante in Einflussnetzwerken ist der Wandel im Machtgleichgewicht innerhalb der Koalitionen. Auch werden Veränderungen in der Kultur einer Organisation mit hoher Wahrscheinlichkeit die affektiven Bindungen der Menschen verändern.

Zum Aufbau neuer sozialer Netzwerke gehört es, alte Beziehungen aufzubrechen, bestimmte Beziehungen beizubehalten und neue Beziehungen zu schaffen. Das Ganze wird dadurch noch komplexer, dass die Muster der Beibehaltung, des Bruchs oder der Schaffung von Netzwerken variieren, je nachdem, ob es sich um Informations-, Einfluss- oder affektive Netzwerke handelt. Auch hier verhilft die Kenntnis der verschiedenen Metaphern zu einer Sensibilität für die Suche nach der erfolgreichen Veränderungsstrategie. Die Umgestaltung technischer Systeme in der Organisation wird vor allem durch das Informationsnetzwerk geleistet.

Übergangswerkzeuge, um Netzwerke zu managen

Der schwierigste Teil einer Trapeznummer kommt dann, wenn ein Akrobat den Partner loslässt und durch die Luft in die Hände eines anderen fliegt. Das Loslassen, die Übergangsphase und der Neuanfang sind genau definiert. Gelingt das Manöver nicht, kann das schlimme Folgen haben. Es ist interessant, dass bei einer Trapeznummer das Loslassen – der „Abflug" – einen enormen Einfluss auf das spätere Ergebnis hat. Es beschreibt den Bogen und die Distanz, die der Trapezkünstler durch die Luft fliegen kann, legt diese aber nicht vollständig fest. Wenn das Loslassen etwas später erfolgt, ist die Zeit, die bleibt, um die Distanz zu überwinden, kürzer, und es können vom Trapezkünstler weniger Anpassungsbewegungen vorgenommen werden. Erfolgt das Loslassen eher, kann der Akrobat die Körperdrehung häufiger ändern. Allerdings ist die Zeit, die er vor dem freien Fall zu überwinden hat, länger und birgt die Gefahr, dass er zu lange in der Luft ist. Auch der Fänger, der letztlich erreicht werden soll, muss in der Kalkulation von Werfer und Flieger vorkommen. Er repräsentiert den Neuanfang und Erfolg des empfangenen Systems durch das stimmige Timing und die Ankopplung an das im Prozess nachfolgende System. Alle drei Phasen sind für den Erfolg der Show wichtig. Entscheidend sind jedoch das Loslassen, die Beweglichkeit der Methode und die Bereitschaft des aufnehmenden Systems.

Der Organisationsentwicklungsmanager ist eine Art Trapezkünstler. Irgendwann muss der Bruch mit der Vergangenheit vollzogen werden. Die Vergangenheit engt die Zukunft sicherlich ein, aber sie bestimmt den Neuanfang nicht völlig. Während des Übergangs müssen ständige Anpassungen vorgenommen werden, damit die Verbindungen, die unterbrochen wurden, durch neue ersetzt werden können. Die Gefahr besteht, dass der Organisationsentwicklungsprozess eine Organisation in Zwiespalt, Unsicherheit und Chaos bringt, wenn er nicht die notwendigen Anpassungen gewährleistet, den sozialen Rahmen neu aufzubauen und einen Neuanfang zu gestalten. Gerade während der Übergangsphase steht der Entwicklungsmanager vor den größten Netzwerkanforderungen. Die Menschen wissen nicht, woher sie die entscheidenden Informationen erhalten. Normen und Werte sind nicht eindeutig. Freundschaften gehen auseinander.

Auch wenn die politische Unsicherheit groß ist, konzentriert sich die Energie der Menschen stark darauf, wie sie ihre persönlichen Interessen und Ziele verwirklichen können.

Entwicklung einer deduktiven Veränderungsdynamik

Will die Unternehmung ein Veränderungsmodell entwickeln, so braucht sie einen deduktiven methodischen Handlungsrahmen, der Mission, Kompetenz, Vision, Ziele, Strategien, Prozesse und Controlling umfasst. Deduktiv bedeutet, einen Veränderungsprozess zu organisieren, der hierarchisch von oben nach unten kaskadenartig die Rahmenbedingungen festlegt, unter denen Entwicklung stattfinden soll.

Im Gegensatz dazu gibt es eine induktive Vorgehensweise, auf die wir später eingehen, die, ausgehend von einem selektiv wahrgenommenen Phänomen, einen Entwicklungsprozess von unten nach oben durchführt. Die Vielzahl der in der Literatur beschriebenen deduktiven Organisationsentwicklungsmethoden zeigt, wie eine systematische Erarbeitung von Analyse, Abweichungsermittlung und Entwicklung sinnvoller Veränderungsarbeit möglich ist.

Wir haben für unsere Arbeit ein deduktives Managementkonzept entwickelt, das seine gedanklichen Wurzeln in der Managementphilosophie von Hans Ulrich und Kurt Bleicher (siehe Literatur) hat. Es hat sich in der Praxis sowohl als umfassendes Überprüfungsinstrument wie auch als kreatives Entwicklungsmodell bewährt.

Unser Managementkonzept wird zunächst mit der Führungsmannschaft erarbeitet. Es beinhaltet eine Vielzahl von Fragen, die nur auf der Leitungsebene geklärt werden können. Danach werden die hierbei gesetzten normativen Rahmenbedingungen auf allen betroffenen Unternehmensebenen angepasst, erweitert und dynamisiert.

Die Idee des normativen Managements

Schauen wir zunächst auf die methodischen Grundlagen, um den inhaltlichen Zusammenhang des Modells besser verstehen zu können. Ab Mitte der 1960er-Jahre begann man, den Beziehungen von Organisationen zu ihrer Umwelt stärkere Beachtung zu widmen. Forscher und Autoren wie Igor Ansoff, Alfred Chandler, Robert Katz, Roland Christensen u. a. untersuchten und beschrieben diese Phänomene. Dabei wurden von der Geschäftsidee der Organisation und den ihr zugrunde liegenden Prinzipien, ihren spezifischen Kompetenzen und Strategien neue Vorstellungen entwickelt.

Unter dem Gesichtspunkt der identitätsleitenden Wirkung von Unternehmenshandlungen erhalten diese Untersuchungen noch eine andere Bedeutung. Die Geschäftsidee als Ausdruck der eigenen Identität ist der Grundgedanke oder Grundauftrag, den eine Organisation ihrer eigenen Tätigkeit unterstellt. Durch sie erfüllt eine Organisation eine bestimmte Funktion in der Gesellschaft. Dabei legt sie Rollen und Interaktionsmuster zur Umsetzung dieses Auftrages fest, die sie als Erwartungen sowohl offen als auch verborgen kommuniziert. Wer Identität lebt, zeigt durch seine Verhaltensweisen Werte, Einstellungen, Normen, Prinzipien und Standards.

Des Weiteren kennzeichnet die Organisation eine spezifische Kompetenz. Sie besagt, dass eine Organisation, die in gewisser Hinsicht für unentbehrlich oder überlegen gehalten wird, eine bestimmte spezifische Kompetenz besitzt, die sie gegenüber ihrer Umwelt zeigt. Sie kann z. B. durch das Wettbewerbsverhalten der Organisationen erworben worden sein, oder sie kann ihr von Teilen der Umwelt zugeschrieben werden. Die Unentbehrlichkeit bzw. Überlegenheit der Organisation kann aus den angebotenen Produkten oder Dienstleistungen, aber auch speziellen Fähigkeiten abgeleitet werden usw.

Ein weiterer Baustein des normativen Managements ist eine gezielte Strategie. Sie ist die Methode einer Organisation, die gegenwärtige Geschäftsidee und die spezifische Kompetenz so auf den Weg zu bringen, dass sie in einem geordneten Umsetzungsprozess diese Organisation ausrichten und strukturieren.

Strategieüberlegungen, manchmal auch „langfristige Planung" genannt, formalisieren die Art und Weise, in der das Management seine Beziehung zur Umwelt handhabt. Mit ihrer Hilfe entwickelt die Organisation ihre Identität in der Gesellschaft und erhält sie aufrecht. Diese Vorstellung bzw. Beschreibung ist zwar reizvoll, aber bei näherer Prüfung zeigen sich Komplikationen. Zusammen mit dem Mangel an Klarheit und der Unbestimmtheit bei der Formulierung der Ziele wecken die ständig ablaufenden Versuch-und-Irrtums-Prozesse auch Skepsis im Hinblick auf die durch den Begriff Strategie glorifizierte Diskussion. Ist das „erfolgreiche" Management (wie immer man das messen kann) einer Organisation tatsächlich die Folge sorgfältig vorbereiteter, langfristiger strategischer Beschlüsse?

Diese Überlegung steht im Zusammenhang mit der Idee, die behauptet, der Erfolg einer Organisation sei das Resultat wohl überlegter strategischer Entscheidungen, die durch kompetente Mitarbeiter und eine umsichtige, dynamische Führungsmannschaft gefällt wurden. Zweifelsohne erhält oder verstärkt ein konsequentes und zusammenhängendes Muster von Entscheidungen und Handlungen die Schlagkraft einer Organisation. Auch eine langfristige Planung und die Verwirklichung einer daraus abgeleiteten Folge strategischer Beschlüsse führen zu Resultaten. Wir glauben jedoch, dass ein solcher Erfolg nicht nur mit strategischen Erwägungen und Entscheidungen verbunden ist, sondern auch aus alltäglichem Tun und Lassen zu erklären ist. Für das Management ist es vorteilhaft, wenn Erfolg als das Ergebnis wohl überlegter Maßnahmen und nicht als Zufallstreffer erscheint. Vergessen wir dabei nicht, dass dies alles dazu dient, der aufgrund des eigenen Selbstbildes entworfenen Wirklichkeit zu begegnen. Insofern trifft die Strategie letztlich auf jenes Szenario, dass sie selbst erdacht hat. Scheitern kann man nur an eigenen Kriterien, niemals an fremden. Alles existiert nur aufgrund eigener Projektionen.

Für denjenigen, der die Organisation in seiner Wirkung beurteilt, gilt das Gleiche. Für ihn ist es günstig, wenn der Erfolg der Organisation aus dem strategischen Denken abgeleitet werden kann, das er selbst initiiert hat. Aus der Außenperspektive kann er letztlich das Modell der Beobachtung selbst bestimmen, das die beobachteten Daten verifiziert.

Fassen wir dies alles zusammen, so hilft uns trotz aller Bedenken der Ansatz des normativen Managements, ein Modell zur Reduktion von Komplexität zu entwickeln. Die Bausteine Grundauftrag, Kernkompetenz, Strategie und Ziele legen einen Handlungsrahmen fest, in dem Interaktion beschrieben wird. Über diesen methodischen Ansatz kann zumindest ein transparenter Kommunikationsprozess hergestellt werden.

Der Sankt-Galler Managementansatz

Hans Ulrich und Walter Krieg (siehe Literatur) haben das Sankt-Galler Managementkonzept in den Jahren 1964 bis 1972 entwickelt und mit seinem systemtheoretischen Ansatz insbesondere die eindimensional kaufmännisch ausgerichtete Betriebswirtschaftslehre erweitert (vgl. Ulrich 1984). Ulrich erklärte das Konzept als ein abstraktes Gestaltungsmodell für eine zu schaffende Wirklichkeit, die verschiedene Konkretisierungsalternativen offen lässt. Insofern erfüllt das Sankt-Galler Managementkonzept die Anforderung, lediglich einen Handlungsrahmen für die Unternehmensführung zur Verfügung zu stellen, der eine Vielzahl von Aktionen koordiniert. Er stellt dabei auch ein gedankliches Grundordnungsmuster für sinnvolles Handeln einer Identität in sozialen Organisationen dar, das es erlaubt, durch integrative Lenkung und Interaktion der Teile den Menschen Entfaltungs- und Kommunikationsmöglichkeiten zu eröffnen und bewusst zu machen.

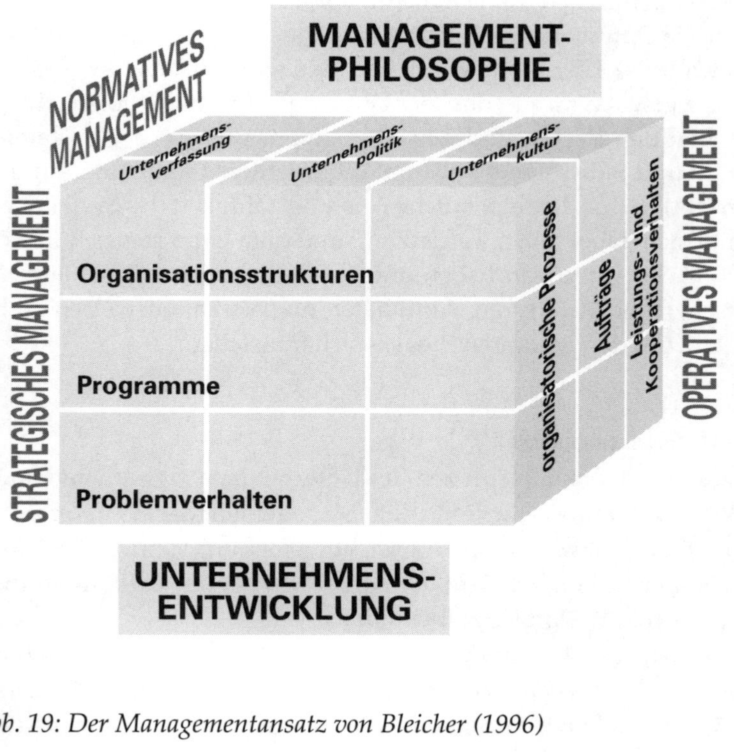

Abb. 19: Der Managementansatz von Bleicher (1996)

Bei dem Managementmodell von Bleicher geht es darum, Gestaltungs- und Lenkungsprozesse abzubilden und nicht jede individuelle Entscheidung und Transaktion des Systems zu beschreiben (vgl. Forrester 1973, S. 109). So wird ein integrativer Bezugsrahmen für komplexe Strukturen im Management geschaffen, der keine hinreichenden, sondern notwendige Bedingungen für eine erfolgreiche Unternehmensführung aufzeigt (Ulrich 1984, S. 58 ff.).

Es wird ein Modell beobachtbarer Interaktionsmuster aufgezeigt, an denen sich wiederum die Koordination und Integration von Identität erkennen lässt. Die Sankt-Galler systemorientierte Managementlehre hat wesentliche Bestandteile sozialer Systeme herausgearbeitet, die Menschen beim Handeln und Lösen ihrer Probleme nützen können (Siegwart 1985, S. 95). So versteht Ulrich (1970, S. 138, 197) Probleme auch nicht als naturgegeben, sondern als Ergebnis menschlicher Wahrnehmung und Beurteilung der Wirklichkeit. „Problemlösen" bedeutet deshalb zu verstehen, warum ein Problem nicht leicht lösbar ist (vgl. Popper 1973, S. 272). Der entscheidende Punkt einer systemischen Managementtheorie ist nach Malik (1993, S. 63) nicht die Optimierung konkreter Zustände, sondern die Steuerungsfähigkeit des Unternehmens, seine Manageability. Der systemische Ansatz geht davon aus, dass der Output eines Systems von der Struktur, von den Regeln und den Interaktionsmustern der Systemelemente und Subsysteme abhängt, die die Identität abbilden und leben (ebd., S. 78). Die eigentliche Leistungsfähigkeit des Systems verdankt sich dabei seiner Vernetzung und dem Grad seiner Rückkoppelung. Entsprechend haben unterschiedliche Managementebenen verschiedene Strukturen, Aktivitäten und Verhaltensweisen zu beachten, um den gesamten Prozess sicherzustellen.

Managementaufgaben

Um den Entwicklungsprozess im Unternehmen zu initiieren, muss geklärt werden, welche Rolle dem Management dabei zukommt. Es muss klar sein, wie es methodisch vorgehen muss, um einen Handlungsrahmen herzustellen, der Menschen bei der Gestaltung ihrer Aufgaben hilft, statt sie zu behindern.

Management nach der Idee des Sankt-Galler Managementansatzes heißt „zweckgerichtete Führung sozialer Systeme" (vgl. Ulrich 1991, S. 240). Die Unternehmensführung ist elementar für die Lenkung komplexer Systeme zuständig, und ihr Handeln kann als ein kreisförmiges Vorgehen aufgefasst werden (vgl. Ulrich 1990, S. 13 f.). Ein Führungskonzept beschreibt dabei die Elemente der Führungssysteme (Unternehmenspolitik, Planung und Informationssysteme), die Führungsprozesse der Organisation (operationale Einheiten, Temporärstrukturen und Aufgabenverteilung), die Führungsmethodik (Führungsverhalten, Führungsverfahren und Führungshilfsmittel) sowie die Führungskräfte (Potenzialerfassung, Bedarfserfassung, Beschaffung und Entwicklung) (vgl. Krieg 1985, S. 78).

Unternehmensführung ist somit auf alle Aktivitäten, die auf eine sinnvolle Gestaltung, Lenkung und Entwicklung der Unternehmung gerichtet sind, ausgelegt (vgl. Ulrich 1993, S. 190).

Führungsebene	**Kernaufgaben**	**Methodiken**
normative Führung „gleichzeitig Neues erfinden"	Sinnfindung	persönliche Führung
strategische Führung aufbauen „Die richtigen Dinge tun"	Leistungspotenziale	„weiche" Systemmethodik
operative Führung „Die Dinge richtig tun"	Nutzung bestehender Potenziale	„harte" Systemmethodik
wirksame Führung „Die Dinge rechtzeitig tun"	Vollzug bestimmter Operationen	Funktionsüberwachung

Insoweit hat Management die Aufgabe, die eigene Identität zu verwirklichen, indem sie die Lücke zwischen den Zielen des Unternehmens und denen seiner Kunden schließt, wobei die Lenkung sozialer Beziehungen (= Kompensation identifikationsgefährdender Signale) so erfolgen muss, dass die Menschen füreinander statt gegeneinander arbeiten. Management ist deshalb auf der operativen Ebene sowohl Wissenschaft als auch Humanität. Auf dem Spielfeld des unternehmerischen Alltags werden durch eigene Projektionen Differenzen erzeugt, die weitere Differenzen erzeugen. Das heißt, die Identität der Unternehmung, geführt durch ihr Management, ist maßgeblich selbst für die zunehmende Komplexität ihrer sozialen Systeme verantwortlich. Parsons hat die Anpassung an die Umwelt *(adaption)*, die Zielverwirklichung *(goal-attainment)*, die Integration

(integration) und die Strukturerhaltung *(latent pattern maintenance)* als die vier Grundfunktionen für soziale Systeme *(agil-scheme)* charakterisiert (vgl. Willke 1987, S. 55).

Management hat weniger mit der Durchführung von Geschäften als viel mehr mit der Lenkung von Kompensationsprozessen komplexer Gesellschaften und Organisationen zu tun. Folgerichtig beeinflusst das Management mit seiner Wirklichkeitskonstruktion die wichtigsten Mechanismen einer soziokulturellen Entwicklung. Es wird auch zunehmend darauf ankommen, darüber nachzudenken, wie das Selbstbild einer Unternehmung aussieht, das gesellschaftlich sinnvolle Entscheidungen zur Verbesserung der sozialen Verhältnisse treffen möchte, wenn sie nur ihrem eigenen Vorstellungsbild von Gesellschaft folgen kann (vgl. Ulrich 1990, S. 240). Das Management muss aus seiner Identität eine Kultur schaffen, die das Querdenken und das Anderssein fördert, damit die Angst vor dem Neuen überwunden werden kann und Bifurkationen (Wolinsky 1996, S. 49 ff.) zugelassen werden können. Die Devise heißt: Statt Kompensation die Schaffung neuer Identitäten zu fördern und sie in ihrem Anderssein zu integrieren oder ihnen einen eigenen Lebensraum zu ermöglichen. Es geht in der Managementlehre darum, die Manager derart auszubilden, dass sie lernen, das richtige Maß an Risiko für das jeweilige Systemsponsoring einzugehen (vgl. Drucker 1969, S. 513).

Der kognitive Wandel der Manager ist hierbei eine Vorbedingung für den strategischen Wandel des Unternehmens (Malik 1993, S. 10). Letztendlich zeigt sich die eigentliche Leistung allen Managements darin, die Balance zwischen konstruktivistisch-technologischen Systemen und systemisch-evolutionären Systemen herzustellen. Das bedeutet, einen Ausgleich zwischen einer linearen Denkweise von Planern und einer kybernetischen Systemsicht zu schaffen, wobei die Planer keine Vorstellung von der Lenkung und Komplexität der Systeme haben müssen. Dabei ist einerseits „Ordnung" ein unentbehrlicher Begriff für die Diskussion aller komplexen Entscheidungen (vgl. von Hayeck 1986, S. 57), und andererseits dürfen solche lokalen Regeln nicht das ausschließliche Ordnungsinstrument einer erfolgreichen Unternehmensführung sein. Stattdessen müssen Manager lernen, über ihre Versuche zu staunen, Identität zu verstehen und sie darzustellen.

Die Bedeutung des Managements liegt in der Beeinflussung eines Systems, dessen mögliche Zustände es auf die wünschbaren reduziert (vgl. Malik 1985, S. 207). Die Fragestellungen für ein strategisches Management richten sich nicht mehr auf eine konkrete Strategie, sondern Management ist vielmehr mit der Fähigkeit zur Komplexitätsbewältigung gleichzusetzen (vgl. Probst 1985, S. 187). Das operative Management rechnet anhand von Kennzahlen schließlich immer nur das ab, was es selbst erschaffen hat, und stellt sich im wirksamen Management selbst infrage.

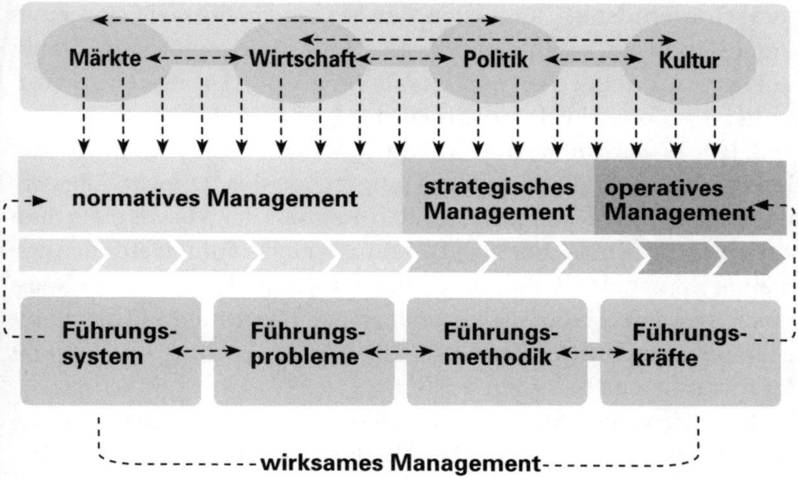

Abb. 20: Strategieansatz von heinze + alwart

Mit der Systemorientierung, die das Individuum und seine nichtlineare Interaktion berücksichtigt, hebt sich dieses Managementkonzept deutlich von einer funktionalen und linearen Betriebswirtschaftslehre ab. Da es im Management kaum eine Situation gibt, die durch die Anwendung von Fallstudien *(case studies)* gelöst werden könnte, muss für jede Situation eine individuelle Problemlösung erarbeitet werden. Das von uns aus der Praxis dieses Modells weiterentwickelte Organisationsentwicklungskonzept stellt deshalb keine Aneinanderreihung oder ein Portfolio einer Vielzahl von Problemlösungsmethoden oder Maßnahmen dar, vielmehr liefert es aufgrund abstrakter methodischer Grundlagen einen Handlungsrahmen auf einer Metaebene, der es ermöglicht, unterschiedlichste Problemstellungen zu beobachten.

Management im Organisationsentwicklungsprozess

Um Organisationsentwicklungen durchführen zu können, muss die Unternehmung als Erstes ihre Managementphilosophie klären – als Ausdruck ihrer Identität, mit den grundlegenden Einstellungen, Überzeugungen und Werthaltungen, die das Denken und Handeln der maßgeblichen Führungskräfte in den entsprechenden Funktionsbereichen beeinflussen (vgl. Ulrich 1984, S. 312). Die Herausarbeitung einer solchen Managementphilosophie gehört zu den intellektuell herausforderndsten Tätigkeiten der Managementpraxis und eines Organisationsentwicklungsprozesses. Eine Philosophie kann glaubhaft nur solche ethischen und moralischen Maßstäbe finden und formulieren, die wirklich Ausdruck der Identität des Managements sind. Jede Bezeichnung, die nicht zur gelebten Praxis passt, wird von den Menschen in der Unternehmung gnadenlos verlacht. Dies bedeutet, dass der Arbeit am Grundauftrag (an der Mission) als Sinn stiftender Idee eine besondere Bedeutung eingeräumt werden muss. In einer Zeit, in der die uns umgebenden Technologien immer komplexer werden, bedarf es besonders der Beachtung systemstabilisierender Lenkungskriterien, die die Würde, Achtung und Freiheit des Menschen nicht infrage stellen.

Eine Managementausbildung, die den auf die Handhabung von Instrumenten ausgelegten MBA-Abschluss höher einstuft als die Beschäftigung mit philosophischen Themen oder der Systemtheorie, verhindert die Selbstreflexion der Manager sowie die Übernahme von Verantwortung in komplexen Systemen.

Der Sankt-Galler Ansatz ist durch den radikalen Konstruktivismus geprägt. Es ist insofern von besonderer Bedeutung für das Management, da er die Option bietet, eine Brücke zwischen Natur- und Geisteswissenschaft herzustellen (vgl. Watzlawick 1989, S. 116). Wenn Management nach Ulrich „die Gestaltung und Lenkung von Institutionen der menschlichen Gesellschaft" bedeutet, so kann dies nicht ohne Folgewirkung für das Managementverständnis in einem Entwicklungsprozess sein. Bereits Churchman (1994, S. 110) sah es unter Managementgesichtspunkten als falsch an, menschliches Wissen in Disziplinen zu zerstückeln, da kritische Fragestellungen oft nicht in sie hineinpassen. Werden diese Fragestellungen jedoch ignoriert, kann dies zu Konstruktionen einer Welt führen, die im Gegensatz zu dem steht, was wir eigentlich wollten (vgl. Argyris u. Schön 1978, S. 42). Denken in Disziplinen bedeutet immer in den

Kästchen eines eigenen Systems zu bleiben und die Schnittstellen zu anderen als Niemandsland wahrzunehmen.

Die heutigen Betrachtungsweisen in der Betriebswirtschaftslehre lassen keine ausreichende Erklärung der rückgekoppelten und nichtlinearen Phänomene in der Wirtschaft zu. Für Unternehmen geht es zukünftig vor allem darum, proaktiv Veränderungen zu gestalten. Organisationsentwicklungsmanagement wird dadurch auch zu einer Philosophie, dass es alternative Szenarien entwickelt (vgl. Ulrich 1998, S. 184 f.). Solche Szenarien haben vor allem dafür zu sorgen, Handlungsfelder aufzuzeigen, in denen sich der Wandel in den nächsten Jahren vollziehen wird. Dies gilt im Besonderen für die Zukunft solcher Arbeitsfelder, in denen gerade neue Technologien eine dramatische Veränderung vorschreiben. Erfolgreiches Organisationsentwicklungsmanagement muss sich mit der „Wozu-Frage" beschäftigen, um alte Strukturen und Produkte infrage zu stellen. Die Sinnhaftigkeit von Unternehmen erfordert eine qualifizierte Lern- und Entwicklungsfähigkeit (vgl. Ulrich 1985, S. 20). Solche Fragen werden auch in unserem Managementkonzept aufgeworfen, das zwischen normativem, strategischem und operativem Management sowie, erweitert nach Malik (vgl. Literatur), dem wirksamen Management unterscheidet:

Normatives Management: Warum, wozu und wohin machen wir etwas?
Strategisches Management: Wie entwickeln wir uns?
Operatives Management: Was machen wir mit welchem Ergebnis?
Wirksames Management: Wie machen wir es richtig?

Mit dem zunehmenden Vernetzungsgrad der Weltwirtschaft steigen auch die Anforderungen an die Beschreibung von Veränderungsphänomenen, wie sie ständig in Märkten, Branchen, Geschäftswelten und Unternehmen auftreten. Im Zeitalter des Computers sind Managementinformations- und -lenkungssysteme deshalb auf allen Ebenen der Organisation notwendig (vgl. Espejo 1983, S. 101). Dabei ist es besonders wichtig, dass diese Technologien auch interaktiv gebraucht werden. Das bedeutet, dass sie nicht nur beobachtet, sondern aktiv einbezogen werden und Mitarbeitern der freie Zugang zu diesem Wissen ermöglicht wird. Wenn Manager den Umgang mit diesen komplexen Systemen verhindern, verhindern sie den Wandel der Strukturen und setzen somit leichtfertig die Existenz der von ihnen gelenkten Unternehmen aufs Spiel.

Die Komplexitätsforschung offenbart, dass die Grenzen zwischen normativen, strategischen, operativen und wirksamen Handlungen verschwimmen, da positive Rückkopplungen zu außergewöhnlichen Verstärkungen auf allen Managementebenen führen können (vgl. Stacey 1994, S. 42). Deshalb ist es wichtig, wie das Management sich vorstellt, eine Unternehmenskultur zu schaffen, die die natürlichen Fähigkeiten der Menschen in einem ganzheitlichen Kontext entwickelt und die Verträglichkeit des Handelns innerhalb und außerhalb des Unternehmens überprüfbar macht. Durch diese Transparenz der Handlungen wird ein Rahmen geschaffen, der als kreativer Motor für Veränderungen wirkt, die einen kontinuierlichen Wandel von Organisationen und Strukturen herbeiführen können. Transparente Managementkonzepte entwickeln sich dabei zu parallel verarbeitenden Systemen in rückgekoppelten Strukturen. Ein typisches Beispiel für nicht stattfindende Systementwicklungen ist, wenn Manager von Großbanken industriepolitische Machtspiele betreiben (wie z. B. bei der geplanten Übernahme von Thyssen durch die umsatzschwächere Firma Krupp-Hoesch), dabei ihre Projektionen von Zukunft durchsetzen und dann von nichtlinearen Reaktionen der Öffentlichkeit überrascht werden und ins Klagen verfallen. Das Problem vieler deutscher Großunternehmen ist, dass sie nur amerikanische Verhaltensweisen kopieren, ohne ihre eigene Identität zu suchen und mit intelligenten Ideen für Erfolg zu sorgen.

Folgendes sollte einem Organisationsentwicklungsmanagement klar sein: Globale Märkte bedeuten nicht globale Identitäten. Das Kopieren von Strategien anderer ignoriert oft die Komplexität der eigenen Identität und schafft verhängnisvolle Rahmenbedingungen, in denen die handelnden Personen im Falle ihres Scheiterns für falsch am Platze und die Strategie für richtig gehalten werden. Die sich daraus begründenden Krisen sind insofern schwierig zu handhaben, als die problemstiftenden Phänomene als strategieabweisende Symptome der Menschen und nicht als falsch gesetzte Rahmenbedingungen der Strategieexperten erkannt werden.

Unser Organisationsentwicklungsmanagementansatz verbindet die genannten Elemente und schafft einen gesicherten Prozessablauf.

Organisationsentwicklungsarchitektur

Der bis hierhin skizzierte Prozess bedarf einer Durchführungsarchitektur, damit die aufgezeigten Strukturbedingungen eines Organisationsentwicklungsprozesses sinnvoll und effektiv umgesetzt werden können. Wir verstehen unter Architektur den Entwurf einer Methodik zur Verwirklichung einer neuen Entwicklungsstrategie im Unternehmen. Dazu gehören Bilder, die eine Systematik aufzeigen, mit der ein solches Projekt gestaltet werden kann.

Abbildung 21 veranschaulicht die Umsetzung unseres Managementansatzes.

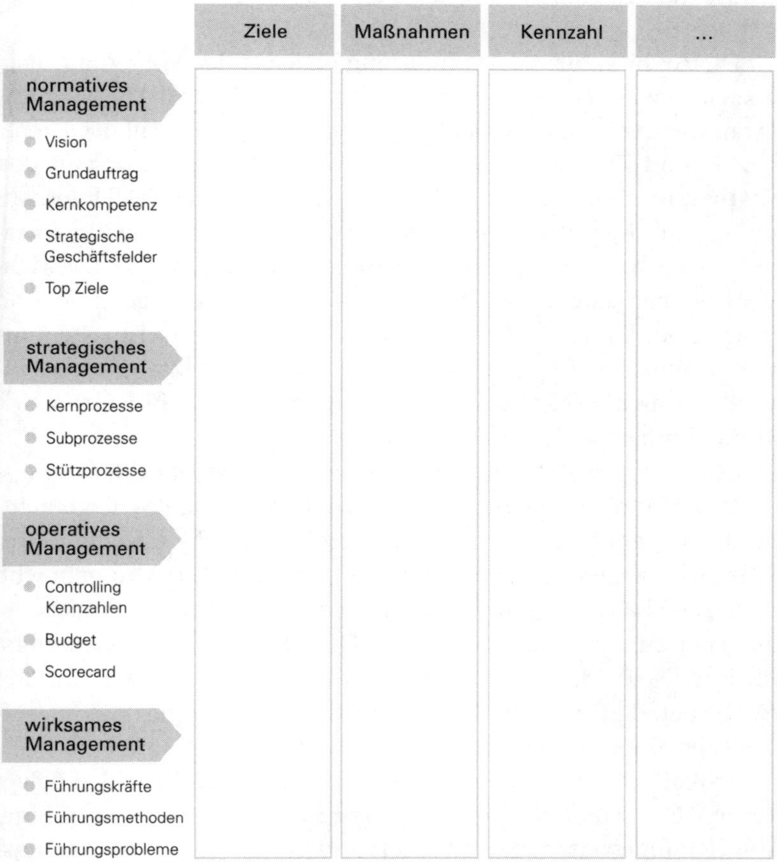

Abb. 21: Praktisches deduktives Umsetzungsmodell des Ansatzes von heinze + alwart

Der sich dem normativen Entwurf als Nächstes anschließende Schritt, nämlich diejenigen Maßnahmen zu planen und Prozessschritte festzulegen, die eine effektive Umsetzung gewährleisten, wird in den meisten theoretischen Ausführungen übergangen. Diesen Fehler darf sich das Organisationsentwicklungsmanagement natürlich nicht leisten. Es muss das richtige Mittel gefunden werden, das ein Ineinandergreifen von Prozessabfolgen bewirkt und so die Erstellung eines Produkts ermöglicht.

Schließlich muss ein Abrechnungsinstrument gefunden werden, das über den Erfolg einer Maßnahme Rechenschaft ablegt und anhand von Kennzahlen Abweichungen misst, die eine Korrektur ermöglichen.

Die Architektur zur Veränderung benötigt das Wissen darüber, wozu das, was verändert werden soll, gebraucht wird. Die Kenntnis des normativen Managements mit Grundauftrag, Kernkompetenz, Werten und Zielen ist unbedingte Voraussetzung. Sie schafft den Überbau und klärt die grundsätzliche Ausrichtung der Unternehmung. Auf diese Weise wird vermittelt, was den Sinn der Organisation ausmacht, wozu es die Unternehmung überhaupt gibt. Die Menschen erleben dank dieses Wissens ihr Handeln als zielgerichtet und gewollt. Sinnkrisen in Unternehmen erklären sich nicht selten aus mangelnder Transparenz dieses Überbaus. Die Organisationsentwicklungsarchitektur hat dafür zu sorgen, dass die Einzelnen eine Verbundenheit zu dieser Philosophie finden.

Daraus ergibt sich der nächste Schritt: Es muss ein Umsetzungsprozess, also die Strategie gefunden werden, die den Managementansatz zielgerichtet verwirklicht. Dazu werden die einzelnen Prozessschritte erfasst, dynamisiert und dann in eine Struktur gebracht. In dieser Phase des Entwicklungsprozesses verhelfen Funktionsanalysen zu einer übersichtlichen Darstellung der Umsetzungsschritte. Diese Methodik macht eine eingehende Diskussion aller Prozessbeteiligten nötig, und nicht selten werden hier die interessantesten Veränderungsanstöße zur Dynamisierung gegeben.

Schließlich muss jeder Prozessabschnitt mit Kennzahlen belegt werden. Das schafft die Voraussetzung für ein gezieltes Controlling. Abweichungen können identifiziert und mit geeigneten Steuerungsmaßnahmen korrigiert werden.

Um die Einbindung aller am Prozess beteiligten Menschen sicherzustellen, werden die vom Top-Management entwickelten Rahmenbedingungen, wie in einer Kaskade, zu einem Zielsystem heruntergebrochen.

Jede Hierarchieebene entwirft innerhalb der festgelegten Rahmenbedingungen ein eigenes Zielsystem und Projektmanagement. Nicht selten werden diese Arbeitspapiere zur Grundlage der jährlichen Zielvereinbarung.

Induktive Veränderungsmethode

Während die deduktive Veränderungsarbeit Vorgaben von oben nach unten umsetzt, bzw. bewusst macht, geht die induktive Veränderungsmethodik umgekehrt vor. Sie beginnt beim Einzelnen oder beim Team und fragt nach den Phänomenen, die den Wandel behindern. Ziel dieser Vorgehensweise ist, Handlungsfelder zu definieren, die über Ziele und Projekte so in Angriff genommen werden, dass auch von hier eine Veränderungsdynamik entsteht. Mittelpunkt der induktiven Vorgehensweise ist die Aufdeckung konkreter Problemfelder und ihre Bearbeitung.

Diese Vorgehensweise wird häufig in den Unternehmen als die einzig bekannte Organisationsentwicklungsarbeit verstanden. Dies resultiert nicht zuletzt daraus, dass Unternehmungen bei der Bearbeitung von Widerständen vor allem die tief greifende Auseinandersetzung mit dem eigenen Selbstverständnis fürchten, wie sie die systematische Vorgehensweise des deduktiven Konzeptes erfordert. Für das große Veränderungskonzept ist das Top-Management verantwortlich (sprich McKinsey, Boston Consulting Group u. a.) Wer keine Angst vor anderen Konzepten hat, bedient sich situativ gern der Berater aus dem Umfeld der Psychologie (interessanterweise nennen sie sich auch Trainer). Organisationsentwicklung wird dann zu einer Reihe von Teamentwicklungsveranstaltungen, deren Ergebnisse häufig unspezifisch und bezüglich ihres Zusammenhangs zur Gesamtunternehmung wenig brauchbar sind. Leider, so müssen wir in der Praxis feststellen, können die Trainer auch wenig Methodisches bieten. Warum auch, wenn die sie beauftragenden Manager selbst keine Methode wissen, nach der sie die Ergebnisse auf ihre Brauchbarkeit hin prüfen können? So arbeitet man aus dem Bauch an einem Veränderungsprozess, der die aufgerissenen Wunden heilt und die aufgebrachten Temperamente beruhigt. Interessant ist in diesem Zusammenhang die Frage, was da eigentlich wie und wohin entwickelt wird. Es kommen häufig weder Analysen, Hypothesen, methodische Konzepte noch Protokolle vor. So ist es nicht verwunderlich, dass ganze Personal- und Organisationsentwicklungsabteilungen in Unternehmen aufgelöst werden, da sie ihre eigene Legitimation nicht mit Entwicklungszahlen belegen konnten.

Versucht man jedoch beides, nämlich zunächst ein deduktives Entwicklungsprogramm hierarchisch vorzugeben und dann ein induktives Veränderungskonzept zur Aufarbeitung der sich daraus entwickelnden Problemstellung auf den Weg zu bringen, treffen sich idealerweise die Handlungsfelder aus beiden Vorgehensweisen unter einem gemeinsamen methodischen Dach.

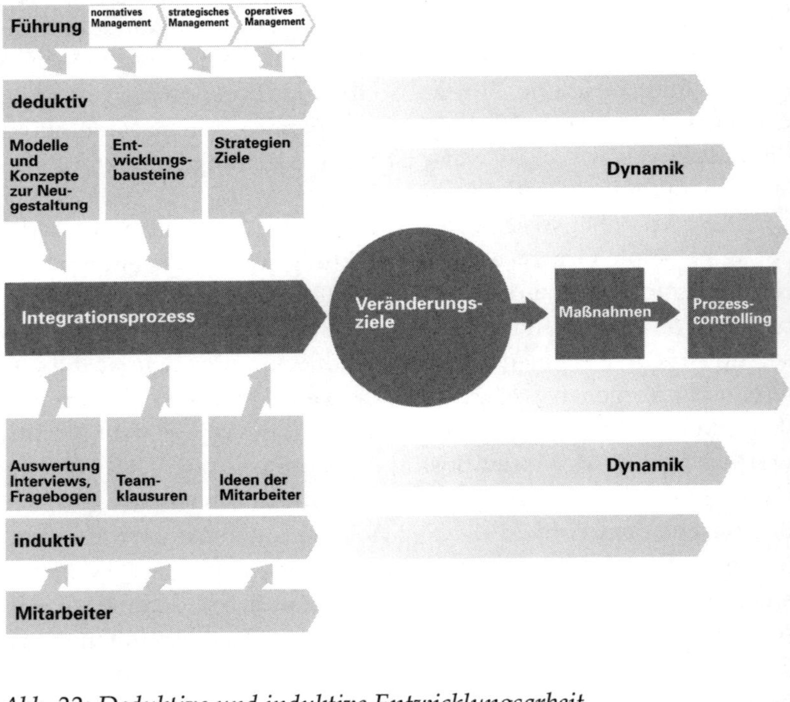

Abb. 22: Deduktive und induktive Entwicklungsarbeit

Leider ist es auch gängige Praxis, dass in großen und mittleren Unternehmungen dieser Prozess nicht abgestimmt ist und die großen Beratungsfirmen mit großem Tamtam von oben und die kleinen Beraterfirmen von unten und aneinander vorbeiagieren. Dies sorgt in aller Regel mehr für Unruhe als für gezielte Aktivität. Jede Beratungsfirma hat ihre Stärken, doch sollte man zum Wohle der Unternehmung auf einen Dialog unter Gleichen nicht verzichten.

Die Entwicklung einer induktiven Veränderungsthematik

Gehen wir im Weiteren davon aus, dass das deduktive Modell auf allen Ebenen eingeführt wurde. Somit sind Vision, Ziele, Maßnahmen und Kennzahlen als Vorgabegrößen bekannt. Das induktive Vorgehen ist nun der methodische Weg, sich mit denjenigen Phänomenen auseinander zusetzen, die sich als Hemmnisse bezüglich einer angeordneten Top-down-Umsetzung darstellen.

Organisationen, aber auch einzelne Mitarbeiter, die auf den Druck aus dem deduktiven Modell nicht so reagieren, wie sich dies die Hierarchien wünschen, gehen in den Widerstand.

Da dann Veränderungen nicht stattfinden, muss es in der Natur von Organisationen und Menschen etwas geben, das es ihnen schwer macht, sich von Grund auf zu verändern.

Der Veränderungsmanager muss diese Widerstandskräfte verstehen und die notwendige Energie mobilisieren, sie zu überwinden, um die Organisation umzugestalten.

Die Bemühung, Organisationen zu verändern, wird auf viele verschiedene Arten behindert. Diese Widerstände müssen entsprechend unseren Erkenntnissen aus den systemtheoretischen Überlegungen – wie oben ausgeführt – als Inszenierungsprozess und Abwehrverhalten verstanden werden.

Eine Veränderung auf gesellschaftlicher, Unternehmens- oder individueller Ebene bedeutet Verwirrung und Unbehagen. Es ist zu beobachten, dass eine Gesellschaft, die eine Veränderung durchmacht, eine Periode der Desintegration erleiden muss, bevor sie sich wieder integrieren kann. Während der Zeit der Desintegration kommt es zu Widerstand; die Veränderung fordert ihren Preis. Dieser Prozess gilt für Organisationen ebenso wie für den einzelnen Menschen.

Die Menschen in einer Organisation, die umfassende Veränderungen erleben, müssen sich mit einigen unbequemen Wahrheiten auseinander setzen. Während sie versuchen, ihr Verhalten zu ändern, müssen sie gleichzeitig darum kämpfen, alte Strategien abzuschütteln und neue Routinen zu lernen.

Deshalb muss der erste Schritt im Umgang mit dem Widerstand die Schaffung eines geeigneten Klimas sein, damit jeder von seinen

Fähigkeiten Gebrauch machen und Kreativität und Flexibilität überhaupt entwickeln kann. Eine wichtige Herausforderung ist es, Menschen dahin zu bringen, Vertrauen in die Plausibilität des Veränderungsprozesses zu gewinnen, damit innovative Lösungen für organisatorische Probleme entwickelt werden können.

Unsere Erfahrungen als Unternehmensberater lassen den Schluss zu, dass der wichtigste Teil des Veränderungsrahmens sich eher auf dem Gebiet der individuellen Dynamik als der Dynamik der Organisation abspielt.

Übergänge in Organisationen haben die Tendenz, bei den Menschen starke Gefühle hervorzurufen, wie sie Bridges (1980) für Phasen persönlicher Lebensumbrüche (z. B. Verlust eines geliebten Menschen) beschrieben hat. Für viele hängen Leben und Identität genauso wie ihr Selbstwertgefühl eng mit ihrer beruflichen Identität zusammen. Folglich ist die Veränderungsdynamik, die Sie erleben, genauso stark wie bei Menschen, die etwa mit dem Tod ihres Partners oder der geographischen Trennung von ihrer Familie zu kämpfen haben. Es ist sinnvoll, das Grundgerüst von Bridges, das er auf Individuen angewandt hat, unter die Lupe zu nehmen und es mit dem methodischen Aufbau des Veränderungsmanagements in Verbindung zu setzen.

Phase 1: Das Abschiednehmen

Bridges erläutert, dass es drei grundlegende Prozesse gibt, die während des Abschiednehmens ablaufen: 1. die Loslösung. Damit ist das explizite Ereignis gemeint, das den Übergang auslöst: Jemand stirbt, es wird einer entlassen, oder jemand zieht um. Der 2. Schritt, die Auflösung der Identifikation mit dieser Situation, ist heikler. Bei einer Loslösung muss sich das Individuum durch einen Prozess hindurcharbeiten, bei dem es einen neuen Sinn seines Lebens entdecken muss. Wenn ein Partner stirbt oder wenn es zu einer Scheidung kommt, dann ist der Teil des Individuums, der als Ehefrau oder Ehemann definiert wurde, nicht mehr gültig, und die Identität dieser Rolle muss umgestaltet werden, damit die betreffende Person mit der neuen Realität zurechtkommt. Das geschieht nicht über Nacht, und je mehr die Veränderung mit der Kernidentität des Individuums zu tun hat, desto schwieriger gestaltet sich der Prozess der Auflösung der Anhaftung (vgl. Soyal Ringpoche 2001, S. 248 ff.). Wenn man z. B. eine Person sagen hört: „Lassen Sie mich erzählen, wie es bei meiner früheren Arbeit zuging", oder wenn man jede neue Beziehung im Geiste mit der alten vergleicht, dann ist der Prozess der anhaftenden Identifikation noch nicht abgeschlossen.

Die 3. Dimension des Abschiednehmens ist die Ernüchterung. Das ist wohl der wichtigste Teil der Beendigungsprozesse. Darin muss man sich mit der Tatsache auseinander setzen, dass es das, was einem in der Vergangenheit Lebensinhalt gab, in der Zukunft nicht mehr so geben wird. Wenn dieser Prozess nicht stattfindet, kommt es zu einer Desillusionierung.

Bridges hält den Ernüchterungsprozess für gesund. Wir ersetzen eine Realität durch eine andere, die eher zu unserem Entwicklungsstand passt.

Die Auseinandersetzung mit diesem Prozess ist eine Aufgabe, mit der viele Führungskräfte zu tun haben. Abschiednehmen heißt im Unternehmensalltag, sich von Dingen zu lösen, bei denen man entdeckt hat, dass sie neuen Ideen, Technologien oder Prozessen weichen müssen. Dabei ist es wichtig, die Symbolkraft, die Wichtigkeit des Alten zu würdigen, damit man sich dann dem Neuen öffnen kann.

Phase 2: Übergänge – Die neutrale Zone

In allen Religionen existieren Trauerrituale, die einen Übergang vom Leben zum Tod symbolisieren. Sie sollen sowohl die Lebenden unterstützen als auch Zeit einräumen, sich mit dem Verlust des geliebten Mitmenschen auseinander zu setzen. Auch in unserer Gesellschaft gibt es solche Bräuche und Rituale, die Übergangsstadien begleiten. In einigen Religionen wird der Tod als ein Übergang für den Verstorbenen von diesem Leben zu einem Leben danach angesehen und markiert somit eine Zeit des Feierns wie eine Zeit des Trauerns (Thurman 2002).

Die kritische Phase für ein Unternehmen, das seine Zukunft gestalten will, ist das Übergangsstadium. Das ist eine Zeit, in der es notwendig ist, die Vergangenheit auf irgendeine produktive Weise zu verlassen – ein Prozess des Sterbens mit dem Glauben an eine Wiedergeburt. Dieses Stadium ist in unserer Gesellschaft deshalb schwierig, da Wiedergeburt kein Bestandteil der christlichen Religion und daher auch nicht unserer Kultur ist. Sterben heißt in der Metapher des christlichen Glaubens, „für immer Abschied zu nehmen", um dann in eine Welt einzugehen, die nicht mehr auf der Erde vorkommt. Von daher neigen wir dazu, Veränderungen nicht als „Sterben und Wiederauferstehen" zu betrachten, sonder als etwas, das dem augenblicklichen Zustand zugefügt wird. Veränderung wird rätselhaft, unverständlich, sogar hoffnungslos. Folglich sind Durchhalteparolen wie „Lasst uns einfach weitermachen", „Vergessen wir die Vergangenheit", „Lasst Vergangenes vergangen sein" ein Versuch zu leugnen, dass jeder Veränderungsprozess einen Prozess der Zerstörung umfasst, Loslösung, Auflösung der Identifikation und Abschiednehmen bedeutet.

Veränderungsprozesse funktionieren bestens in schnell wachsenden Organisationen, wo die größte Herausforderung darin besteht, so schnell wie möglich zu neuen Grenzen vorzustoßen. Allerdings zeigt die Entwicklung, dass es Märkte für solche Unternehmen nur noch selten gibt und die Parolen trotzdem die gleichen bleiben. Besonders auffällig sind hier die New-Economy-Unternehmen. „Mehr desselben" (Watzlawik et al. 1988, S. 99 ff.) ist ihre Devise: „Wir sind richtig, die Märkte sind falsch."

Auf der anderen Seite sehen sich auch solche Organisationen, deren Herausforderungen Umgestaltung und Neubelebung ist, früher oder später einem Prozess der Veränderung ausgesetzt. Sie erscheinen wie ein Phönix, der sich opfern muss, damit er aus der Asche mit neuer Energie hervorgehen kann.

Bridges nennt diese Zeit die neutrale Zone und vergleicht sie mit der Situation eines Menschen, der mitten auf einer belebten Fernstraße steht, während der Verkehr in beiden Richtungen an ihm vorbeirauscht. Das ist eine Angst erzeugende Vorstellung, aber vom psychologischen Standpunkt aus muss der Mensch gerade solche Erlebnisse in der Veränderungssituation durchmachen – er erfährt gleichzeitig die Kräfte aus der Vergangenheit und die neuen, die in Richtung Zukunft ziehen. Während des Umgestaltungsprozesses ist das Verhalten häufig unberechenbar. An einem Tag mag eine Person den Möglichkeiten der Zukunft ganz aufgeregt entgegensehen, und am nächsten Tag ist sie vollkommen pessimistisch, weil sie glaubt, dass die Dinge nicht funktionieren werden. Der Übergang kostet einfach Zeit.

Bei Organisationsentwicklungsprozessen ist zunächst einmal zu verstehen, dass die Menschen in dieser Phase verwirrt sind und manchmal leiden. Da ist zwischen Schulterklopfen und Verharmlosung alles falsch oder richtig. Dennoch gilt es, ständig für Transparenz und Klarheit im Prozess zu sorgen. Nicht jede Information, die noch nicht endgültig entschieden und verabschiedet ist, sollte dabei durch die Unternehmung laufen, und doch passiert das oft. Der Veränderungsmanager schafft Vertrauen, wenn unterscheidbar bleibt, was Gerüchte und was Entscheidungen sind. Er tut gut daran, die Meinungen im Unternehmen in dieser Phase so zu nehmen, wie sie sind, mal als unterstützend, mal als abwertend, mal als positiv, mal als negativ. In jedem Fall als noch ambivalent.

Phase 3: Neuanfänge

Die letzte Phase ist die Neubelebung. An diesem Punkt hat das Individuum die notwendige Anpassung an die veränderten Verhältnisse vollzogen und ist in der Lage, die erforderliche Energie freizusetzen, um mit der neuen Situation umzugehen. Die Menschen sind nun wahrhaft begeistert von den Möglichkeiten, die sich ihnen bieten. Sie haben es geschafft, sich von den Verhaltensweisen, Mustern und Einstellungen zu lösen, die sie hinter sich lassen mussten; sie haben damit begonnen, neue Drehbücher zu schreiben, die neue Verhaltensweisen und Einstellungen umfassen. Sie begegnen der Zukunft mit Enthusiasmus und Energie. Neuanfänge sind immer kraftvoll. Sind sie es nicht, dann bedeutet es, dass die Menschen noch in einer anderen Phase sind.

Der Widerstand im Veränderungsprozess als nicht definiertes Problem

In den verschiedenen Phasen, in denen sich der Einzelne mit dem Veränderungsprozess auseinander setzt, ist die Motivationslage für den Widerstand unklar. Derjenige, der den Prozess der Veränderung begleitet, wird jedoch versuchen, Lösungen zur Überwindung anzubieten. Dabei ist er, unter der Annahme, dass der Mensch ein autopoietisches System ist, der ständigen operationalen Schließung ausgesetzt. Das bedeutet, dass er, im eigentlichen Sinne per Versuch und Irrtum, alle möglichen Ratschläge geben kann, ohne sich anmaßen zu müssen, fertige Lösungen gefunden zu haben. Die strukturelle Reaktion des Systems wird dafür sorgen, dass dasjenige verändert wird, was das System hinsichtlich der Anpassung vornehmen muss.

Sehr viel interessanter ist daher die Frage, was der Veränderungsmanager an methodischen Rahmenkenntnissen besitzen muss, um zu verstehen, wie ein Problem in der jeweiligen Situation in Bewegung gesetzt werden kann.

Was ist das Problem?

Das eigentliche Drama des Widerstandes in einem Organisationsentwicklungsprozess beginnt bei der Frage: „Was ist das Problem?", egal, ob sie aus der Innenperspektive oder Außenperspektive gestellt wird. Mit der Formulierung des Problems nimmt man es in Angriff und entwickelt möglicherweise sogar Lösungsideen. Ob diese schließlich erfolgreich umgesetzt werden können, hängt nicht nur von den speziellen Umständen, dem Wissen bzw. Können der Betroffenen, sondern auch von ihrer allgemeinen Einstellung im Umgang mit Problemen ab. Probleme können sowohl als gewaltig und unverrückbar erscheinen, sie können aber auch als Bagatelle gesehen werden. Der Veränderungszustand wird jedoch immer zunächst als problematisch angesehen.

Typische Lösungsversuche bei Problemen

Es gehört zur modernen Managementkultur, jede noch so problematische Situation schnell beheben zu wollen. In *Alice im Wunderland* hatte die Königin nur eine einzige Methode für alle sich ihr darstellenden Probleme: „Kopf ab", sagte sie, ohne sich auch nur umzusehen. Dieser methodische „Königinnenansatz" ist ein verbreitetes Entscheidungsphänomen.

- Anstatt die gesamte Komplexität eines Problems zu erfassen, schlagen wir schnelle Lösungen vor. Zum Beispiel müssen Mitarbeiter länger Arbeiten, wenn die geplante Arbeit nicht fertig wird. Diese Methode können wir überall in Unternehmen entdecken. Die Entscheidungsträger, auf diese Vorgehensweise angesprochen, antworten häufig: „… es geht nicht anders, wir bekommen nicht mehr Planstellen, und die Menge der Arbeit hat zugenommen." Speedmanagement lautet die Zauberformel, nach der, wer nicht schnell genug entscheidet, verloren hat.

- Es muss ein Schuldiger für die in Schwierigkeiten geratene Situation gefunden werden. Man kann ihn entlassen, ihn versetzen, fortbilden, ohne letztendlich prüfen zu müssen, wie die Situation entstanden ist und aufgrund welcher systemischen Komplexität sie ausgelöst wurde. Gibt es keinen Schuldigen in einem System, dann lautet die interessante Frage: Welche Strategie des Systems hat bei dem Versuch, seine eigene Identität auszudrücken, die Entstehung des Problems möglich gemacht?
- Häufig werden vergebliche Kämpfe ausgetragen, um hartnäckige Probleme zu lösen, ohne dass man erkennt, dass allein die Art, wie das Problem definiert wird, eine Lösung unmöglich macht. Die eigentliche Schwierigkeit besteht darin, dass es einfach nicht gelingt, das Problem genau zu beschreiben. Gedrängt durch den Wunsch, etwas bewegen zu wollen, verschiebt man den Fokus der Betrachtung und verlagert die Verursachung des Problems auf eine höhere Ebene, auf der die eigene Einflussnahme hinsichtlich einer Lösung unmöglich ist. Deshalb war es für alle Führungsebenen bei Daimler-Benz einfach, ihren ehemals als „Manager des Jahres“ gefeierten Vorstandsvorsitzenden E. Reuter eine Zeit lang mit Schimpf und Schande für die gesamte Strukturkrise ihres Unternehmens verantwortlich zu machen, ohne sich selbst als Mitgestalter des Problems zu sehen oder auch nur im Entferntesten anzunehmen, dass es Lösungen unter ihrer Einflussnahme geben könnte.

Problem und Ideal

Probleme tauchen nicht einfach auf, sondern sie werden in unseren Köpfen geschaffen. Fußballmannschaften, die nicht gewinnen, und Außendienstmitarbeiter, die nicht genug leisten, sind – zunächst aus ihrer Innenperspektive betrachtet – unschuldig. Natürlich haben sie auch ein Problem, aber bestimmt ein anderes als die Fans des Klubs oder die Vertriebsleiter einer Unternehmung aus der Außenperspektive.

Wie oben beschrieben, zeigte George Spencer-Brown (1979), dass alle logischen Strukturen, alle Formen menschlichen Denkens auf Unterscheidungen zurückgeführt werden können. Durch den Mechanismus der andauernden Grenzziehung unterteilen wir kontinuierliche Abläufe in diskontinuierliche Abläufe. Die auf diese Weise entstandenen Gegensatzpaare oder Einheiten machen Unterscheidungen möglich: schnell – langsam, hoch – tief, groß – klein, hell – dunkel, dünn – dick. Die Form dieser Einheiten beeinflusst sich in Art und Umgang gegenseitig. Diese Dynamik entwickelt sich auch bei einem Problem. Die im Hintergrund mitgedachte Form, auf der sich das Problem abzeichnet, ist ein idealer Zustand. Dieser kann erinnert oder konstruiert sein. Die Größe des Problems ist von der im Ideal erlebbaren Unterscheidungsqualität abhängig. Umgekehrt, je größer das Ideal, desto verzweifelter die problematische Situation; je größer der Makel am Ideal, desto größer das Problem.

Beide Seiten dieser Unterscheidung, die konstruierte Einheit, das Problem und ihre Umwelt, das Ideal, können bezeichnet werden, d. h., ihnen kann ein Name, ein Begriff, ein Zeichen oder ein Wert zugeschrieben werden. Auf dieser Basis werden Normen, Prinzipien, Auffassungen und Spielregeln entwickelt, die über passende und nicht passende Werte, Gefühle und Vernunft, Richtig und Falsch, Gut und Böse, Stark und Schwach Strukturen entwickeln, die den Umgang mit der Dynamik zwischen Problem und Ideal definieren. Will man jetzt genauer wissen, welches die konkreten Bedeutungen bestimmter Details sind, so muss man überprüfen, welche Bedeutungen derjenige, der sie gebraucht, den beiden Seiten der Unterscheidung zuschreibt.

Insoweit wird bei der Beschreibung des Problems der ideale Hintergrund zwar mitgedacht, doch nicht beschrieben.

Also entscheidet gar nicht das Problem über seine Hartnäckigkeit, sondern die erlebte dysfunktionale Abweichung vom Ideal über seine Dramatik. Auch entscheidet nicht die innere Dynamik des Problems über die Bereitschaft und den Willen, es lösen oder verändern zu wollen, sondern die im Ideal angelegte Größe und Qualität der möglichen Erreichbarkeit dieses Zustandes. Ist das Ideal zu groß und perfekt im Unterschied zum als abweichend Erlebten, oder ist der Kontext, in dem es gedacht ist, nicht mit dem Kontext der diskontinuierlichen Abweichung in Verbindung zu bringen, wird der Aufbruch zu Veränderung als sinnlos oder unerreichbar empfunden.

Auf diese Weise lässt sich auch Watzlawicks Unterscheidung von Problemen und Schwierigkeiten anders interpretieren. In seinem Sprachgebrauch ist eine Schwierigkeit ein unerwünschter Zustand, man behebt ihn oder man lebt mit ihm, weil er Teil des Lebens ist und es keine bekannten Lösungen gibt. Ein Problem ist eine ausweglose Situation, die durch schlechte Handhabung einer Schwierigkeit entstanden ist (Watzlawik et al. 1988, S. 51 ff.). Man könnte allerdings eine Schwierigkeit als einen Zustand definieren, in dem der Betroffene nicht genau beschreiben kann, was sein in Abweichung zum erlebten Zustand mitgedachter Idealzustand ist. Je unklarer die Vorstellung oder Beschreibung des Ideals, desto unkonturierter ist der Dysfunktion beizukommen. Wenn es die Problemlösung nicht schafft, eine Verbindung zum Kontextes des Ideals herzustellen und eine Beschreibung zu ermöglichen, die das Ideal eingrenzt, dann wird man sich in der Tat mit Schwierigkeiten arrangieren müssen.

Abb. 23: Das Ideal sorgt für das Maß der Unterscheidung: „Mein Ideal ist anders!"

Deshalb kann man sagen, nicht die Schwierigkeit ist das Problem, sondern das Ideal ist das Problem.

Ein von Watzlawik beschriebenes Beispiel mag dies verdeutlichen: Alkoholismus ist ein ernstes soziales Problem. Während der Prohibitionszeit wurde in den USA der 1920er-Jahre versucht, das Problem des Alkoholismus zu lösen, indem man den Verkauf von Alkohol untersagte. Das gedachte und nicht weiter auf seine Klarheit hin präzisierte Ideal hinter dem Problem war seitens der Regierung (Außenperspektive) die Vorstellung von einer Bevölkerung, die mit dem Alkoholkonsum auf eine angemessene Art und Weise umgehen kann (Idealaußenperspektive). Auf der Basis dieses Ideals ist jede Form des Versuchs, die Angemessenheit zu erreichen, zum Scheitern verurteilt. Das vollkommen unpräzisierbare Ideal „Angemessenheit" ist nicht einlösbar (Innenperspektive / Problem). Ganz zu schweigen von dem ungeheuerlichen Aufwand, der damit betrieben wird, die Lösung durch Gesetz und Strafe durchzusetzen.

Ähnliches gilt heute für den Drogenmissbrauch. Wenn jeder Gebrauch zum Missbrauch deklariert wird, dann wird die Problemlösung nur zufrieden stellen, wenn es idealerweise keine Drogen mehr gibt. Da dieser Zustand aber mit dem Kontext der Wertestruktur unserer Gesellschaft nicht vereinbar ist und die Ausschließlichkeit in ihrem Umfang ein unerreichbares Ideal bleibt, ist eine Problemlösung auf der Basis dieser Prämisse nicht möglich.

Harte und weiche Ideale

Peter Checkland (1981, S. 316) beschreibt den Unterschied zwischen harten und weichen Problemen. Harte Probleme bedürfen wirkungsvoller Mittel, damit ein bestimmtes erwünschtes Resultat erzielbar ist. Das einzige Problem ist die Organisation der Lösung. Bei weichen Problemen sind Zweck, Ziele und erwünschte Endresultate selbst problematisch.

Aus der Idee der Komplementarität zwischen Problem und Ideal ergibt sich, dass harte Probleme deshalb organisierbar erscheinen, weil die harten Konturen des dahinter liegenden Ideals deutlich sichtbar und beschreibbar sind. Maschinen, die nicht rund laufen, können anhand von Konstruktionsbeschreibungen auf ihre ideale Funktionstüchtigkeit hin analysiert und hinsichtlich des aufgetretenen Problems wieder trivialisiert werden. Zumindest ist die Erreichbarkeit des Ideals benennbar. Alle Problemlösungen können daraufhin getestet werden, inwieweit sie dem Idealzustand näher kommen oder nicht.

Weiche Ideale lassen sich schwer beschreiben. Unternehmungen wünschen sich „motivierte Mitarbeiter", „zuvorkommende Verkäufer", „mitdenkende Manager". Solche und andere Ideale sind so weich und unpräzise formuliert, dass alle Maßnahmen zur Einlösung dieses Ideals scheitern.

Interessanterweise beobachtet man nun, wie in manchen Unternehmen Methoden der Lösung harter Probleme auf die Lösung weicher Probleme übertragen werden. Da organisiert man einen durchgetakteten Trainingsplan zur Erreichung etwa des weichen Ideals „offensiver Mitarbeiter“ und ist enttäuscht, wenn die Methode nicht das gewünschte Ideal einlöst. Diese Übertragungsproblematik ist häufig in Unternehmen erlebbar.

Weiche Ideale entidealisieren

Aus dieser Analyse folgt, dass ein Problem dann als gelöst betrachtet werden kann, wenn:

- die Umstände sich ändern, sodass die wahrgenommene Funktionsstörung verschwindet;
- die Problembesitzer das Ideal so klar benennen können, dass die angestrebte Lösung die Funktionsstörung vollkommen deckt.

Das bedeutet, dass das Ideal auf seine Unkonkretheit hin untersucht werden muss. Die Erreichbarkeit oder Einlösbarkeit eines idealen Zustands nimmt in dem Maße zu, wie durch die genaue Beschreibung seine Dynamik zwischen Problem und Ideal in den Fokus rückt. Sobald verstanden wird, dass ein Ideal auch verkleinert werden kann, wächst der Glaube an seine Erreichbarkeit. Wenn es gelingt, den Mythos der Unveränderbarkeit von Idealen in Bewegung zu setzen, entsteht Perspektive.

Ein immer wieder in Organisationsentwicklungsmaßnahmen gefordertes Ideal lautet: „Der Kunde steht im Mittelpunkt.“ Dieses Ideal ist weich, unkonkret und verwirrend. Doch welche Unternehmensleitung ist bereit, über dieses Ideal zu diskutieren? Es ist möglicherweise sogar eine aus der Unternehmensvision übernommene Beschreibung. Unzählige Maßnahmen werden in Ansatz gebracht, um das Erreichen zu ermöglichen. Doch nichts scheint zum Erfolg zu führen. Einige Führungskräfte können dieses Dilemma sogar benennen. Sie argumentieren jedoch für die Beibehaltung dieses Ideals, weil jede Reduzierung als Aufgabe eines Anspruchs gesehen würde, der doch für sie der Motor aller Schulungsmaßnahmen ist.

Aufgrund von eigenen Erfahrungen mit diesem und ähnlich gelagerten Wünschen kann ich nur raten, intensiv den Dialog mit der Unternehmensführung zu suchen, um das weiche Ideal auf ein Maß zu reduzieren, das harte Problemlösungen möglich macht, die anschließend auch erkennen lassen, wie und in welchem Umfang man dem Ideal näher gekommen ist.

Interessanterweise erleben wir in der Praxis häufig, dass Menschen dann demotiviert sind, wenn weiche Ideale mit harten Techniken angegangen werden sollen. Wenn ein Trainer die Rahmenbedingungen des weichen Ideals nicht diskutiert, sondern sich darauf konzentriert, mit harten Methoden konkrete Verhaltensweisen zu verbessern, wirkt dies zunächst plausibel. Andererseits erhöht diese Plausibilität die Frustration. Man stelle sich vor, dass ein durchschnittlicher Tennisspieler mit einem Mal wie ein Bundesligaspieler trainiert werden soll. Der Trainer übt mit ihm detailgenaue Schlagtechniken, und es erscheint natürlich plausibel, dass sie gelernt werden. Doch der Tennisspieler wird kein Bundesligaspieler. Stattdessen ist er frustriert, ihn schmerzen die Gelenke, und er flucht auf den unfähigen Trainer. Dieses Beispiel scheint mir für den gesamten Bereich der Trainingsmaßnahmen überdenkenswert. Zumindest erklärt es den massiven Widerstand von Menschen in Unternehmen bezüglich bestimmter Trainingsmaßnahmen.

Wir empfehlen deshalb auch, das Instrument des deduktiven Managementkonzeptes der induktiven Prozessarbeit vorauszuschicken. Beim deduktiven Managementkonzept muss die Unternehmensleitung weiche Ideale auflösen und auf harte Ziele transponieren. Dadurch entsteht eine große Klarheit über die Erreichbarkeit des vorgeschlagenen Weges.

Interventionen

Entscheidend beim Umgang mit Problemen ist das methodische Verständnis für ihre Dynamik, damit sie durch eine Intervention zur Lösung gebracht werden kann. Jede der von uns beschriebenen Metaphern hat eine ihr innewohnende Lösungsmethodik. Die Kunst der Organisationsentwicklung besteht darin, anhand der entdeckten Lösungsmethoden Interventionen zu entwickeln, die Widerstände auflösen und vom Problem zur Lösung führen.

Problemtypologie

Bei einer Intervention ist es notwendig, zwischen den Zielen des Veränderungsmanagers und denen der Betroffenen zu unterscheiden. Da sie alle das gleiche System beobachten, ist es wichtig herauszufinden, welche Unterscheidungsmerkmale sich bei ihren Beschreibungen, Interpretationen und Bewertungen zeigen. Aus den als Problemen definierten Phänomenen ergibt sich eine charakteristische Typologie. Ihre unterschiedliche innere Logik ist diagnostisch wichtig, da jeder Problemtyp eine andere Lösungsstrategie erfordert.

Ganz generell kann man sagen, dass ein Beobachter, der irgendeinen Sachverhalt als Problem bezeichnet, eine Verknüpfung von Beschreibung und Bewertung vornimmt. Dabei lassen sich prinzipiell die folgenden zwei Typen von Problemen unterscheiden.

1. Plussymptome

Im ersten Fall spricht der Beobachter dann von einem Problem, wenn er bestimmte Phänomene beobachtet, die er *lieber nicht* beobachten würde. Es werden Sachverhalte entdeckt, die – gemessen an einem (manchmal stillschweigend) vorausgesetzten und oft nicht reflektierten Ideal, einem Soll-Zustand oder einer Norm – nicht erwartet *und* nicht erwünscht sind. Ihr Auftreten bzw. der Umstand, dass sie beobachtet werden können, wird als Merkmal der Unterscheidung für das Vorliegen eines „Problems" verwendet (Simon 1995, S. 131 ff.). Es gibt zumindest ein, manchmal mehrere „Plussymptome" (zu hohe Kosten, Budgetüberschneidungen etc.).

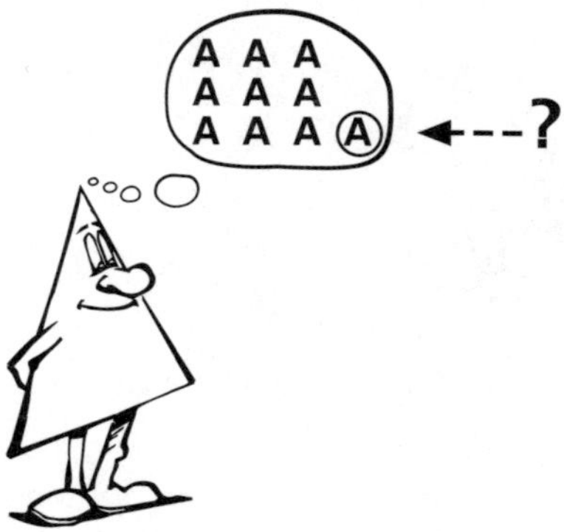

Abb. 24: Plussymptome: Zustand zeigt ein Zuviel

Viele Veränderungsmanager betrachten die Unternehmung, indem sie im Hintergrund ihres Denkens eine Vergleichsebene im Sinne einer idealen Unternehmung mit sich herumtragen. Ihr Blick stößt in diesem Fall auf Phänomene, die ihrem Idealbild zuwiderlaufen, und sie entdecken Sachverhalte, die sie lieber nicht sehen wollen, da sie ein Zuviel von etwas zeigen. Der Beobachter erkennt z. B., dass die Matrixstruktur der Unternehmung eine solche Vielzahl von Projekten aus der Taufe gehoben hat, dass einige Teamleiter kaum noch an ihrem Arbeitsplatz vorzufinden sind.

2. Minussymptome

Im zweiten Fall sieht der Beobachter Phänomene und bezeichnet sie als problematisch, da er bestimmte Dinge *nicht* beobachtet, die er *lieber* beobachten würde. Es handelt sich um bestimmte Sachverhalte, die – wiederum gemessen an einem meistens nicht explizit reflektierten Idealzustand – erwartet *und* erwünscht sind, sich aber nicht feststellen lassen. Es handelt sich hier also um das Nichtauftreten bzw. die Nichtbeobachtbarkeit eines als „normal" erwarteten Zustands (Problemfreiheit). Es gibt in diesem Fall so etwas wie ein „Minussymptom", ein Defizit (z. B. Mangel einer Fähigkeit; Blindheit, Taubheit) (Simon 1995, S. 131 ff.).

Abb. 25: Minussymptome: Zustand zeigt ein Zuwenig

Der Veränderungsmanager erlebt also Phänomene, die ihm defizitär erscheinen: nicht ausgereifte IT-Systeme, mangelnde Dienstleistungsfähigkeiten, fehlende Kundenorientierung. Das Bild dieser

Abweichungsmerkmale wird dann zum Problem, wenn der Beobachter ein ideales Bild von IT-Systemen oder ein ideales Bild von Kundenorientierung in seinem Kopf hat.

3. Generierende Mechanismen

Diese beiden unterschiedlichen Typen von Problemen entstehen durch unterschiedlich organisierte Prozesse, d. h., sie werden durch verschiedene Mechanismen oder Verfahrensweisen hergestellt.

Ganz allgemein gilt für die innerhalb eines sozialen Systems zu beobachtenden Phänomene, dass sie nur dann stabil bleiben und über längere Zeit beobachtet werden können, wenn die Prozesse, die dies organisieren, zirkulär sind. Alle Phänomene, seien sie erwünscht oder unerwünscht, werden erst dadurch zu einem Problem, dass ein Prozessmuster beständig für ihre Kreation und/oder Erhaltung sorgt. In sozialen Systemen sind die Elemente derartiger stabilitätserhaltender Prozesse Kommunikationen und Interaktionen. Wir er-

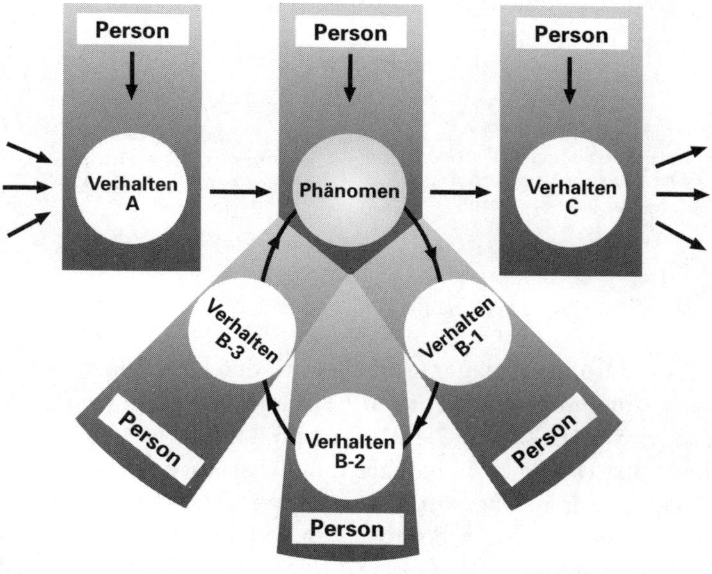

Abb. 26: Zirkularität bei der Aufrechterhaltung von Problemverhalten

leben also, dass Probleme ein Prozessmuster brauchen, das sie ständig am Leben erhält. Die Frage lautet demnach: Wie organisieren sich Systeme, damit ein Problem erzeugt und stabilisiert wird?

Abbildung 26 zeigt das Schema der Entstehung und Aufrechterhaltung eines (positiv oder negativ bewerteten) Phänomens. Es wird aufrechterhalten durch die Verhaltensweisen von B-1, B-2, B-3 bezüglich des beobachteten Phänomens usw. Dabei spielt es keine Rolle, welche Person welche Verhaltensweisen produziert (vgl. Simon 1995, S. 137). Im Ergebnis bestimmt die Zirkularität die Aufrechterhaltung des Phänomens.

Lösungen

1. Logik der Lösung bei Plussymptomatik

Wo ein Problem dadurch entsteht, dass etwas getan wird, was besser unterlassen würde, muss die Lösung darin bestehen, diesen generierenden Mechanismus zu unterbrechen oder zu stören. Die Intervention muss darauf zielen, dass Aktionen unterlassen, oder es müssen Strukturen aufgelöst werden, welche die Merkmale der Unterscheidung für das „Problem" hervorbringen (Simon 1995, S. 116 ff.).

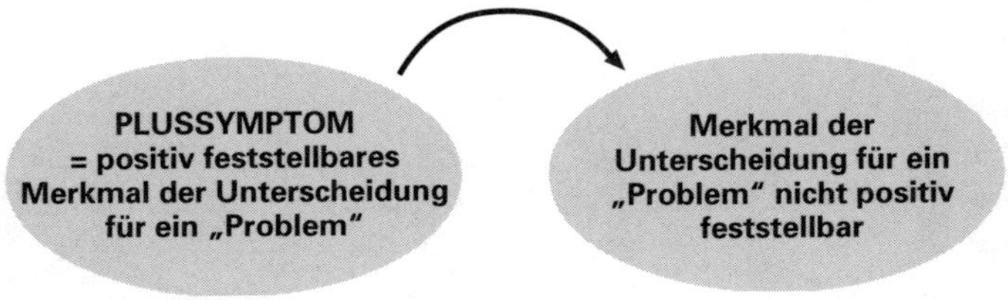

Abb. 27: Lösungsweg bei einem Problem Typ 1 (Plussymptom)

Der Veränderungsmanager erarbeitet mit den betroffenen Mitarbeitern der Abteilung, dass bestimmte Kosten eingespart werden müssen. Es wird beschlossen, Dienstreisen im Rahmen eines bestimmten Budgets abzuwickeln, Telefonate möglichst kurz zu halten, Büromaterial zu sparen, Überstunden zu kappen usw. Die Interventionsmittel der Vermeidung, Unterdrückung oder Kürzung sind für diesen Fall als sinnvolle Instrumente der Intervention erkannt worden. Entsprechende Einsparungen sollen der Abteilung helfen, eine Lösung für ihre Probleme zu finden

2. Logik der Lösung bei Minussymptomatik

Wo ein Problem dadurch entsteht, dass etwas unterlassen wird, was besser getan würde, muss die Lösung darauf zielen, einen generierenden Mechanismus zur Herstellung des unterscheidenden Merkmals für „Problemfreiheit“ (= „Lösung“) in das System einzuführen. Die Intervention muss darauf zielen, dass Aktionen vollzogen oder Strukturen entwickelt werden, welche die Merkmale der „Problemfreiheit“ („Lösung“) hervorbringen (Simon 1995). Hier handelt es sich beispielsweise um typische Antreiberaktionen seitens der Führungskräfte: „Höhere Umsätze!“, „Kürzere Produktionszeiten!“, „Effektivere Prozessabläufe!“ etc.

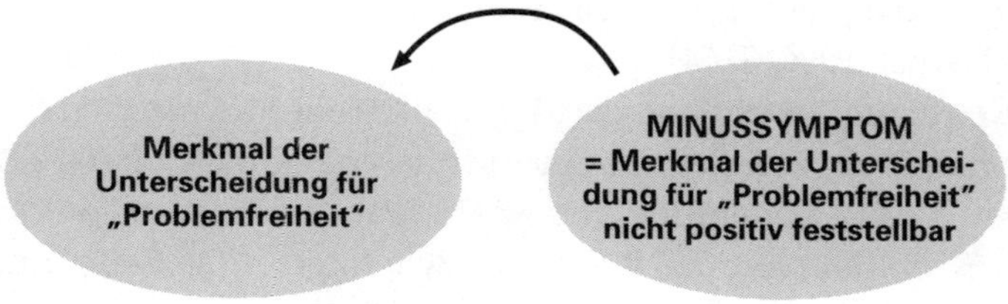

Abb. 28: Lösungsweg bei einem Problem Typ 2 (Minussymptom)

3. Lösungen durch Reframing bei generierenden Maßnahmen

Eine alte chinesische Geschichte erzählt von einem Bauern, der ein Pferd besaß, das ihm bei seinen täglichen Arbeiten auf dem Feld eine wichtige Hilfe war. Eines Tages lief das Pferd davon, und alle Nachbarn bedauerten ihn, was er doch für ein Unglück erlitten habe. Der Bauer antwortete jedoch nur: „Ist es ein Unglück?“ Nach einigen Tagen kehrte das Pferd zurück und brachte zwei Wildpferde mit. Die Nachbarn freuten sich über sein Glück, und der Bauer antwortete: „Ist es ein Glück?“ Am nächsten Tag versuchte der Sohn des Bauern, eines der Wildpferde zuzureiten, und brach sich dabei ein Bein. Die Nachbarn riefen: „Welch ein Unglück!“ Und der Bauer antwortete: „Ist es ein Unglück?“ Eine Woche später erschienen die Rekrutierungsoffiziere des Kaisers im Dorf, um junge Männer für den Krieg einzuziehen. Der Sohn des Bauern konnte wegen seines gebrochenen Beines nicht mitgenommen werden, und die Nachbarn riefen: „Was hast du für ein Glück!“ Der Bauer antwortete wieder: „Ist es ein Glück?“

Diese Geschichte erläutert, dass Ereignisse immer nur unter bestimmten Umweltbedingungen ihre Interpretationen erhalten.

Die Bedeutung, die einem Ereignis zugeschrieben wird, hängt immer von dem „Rahmen“ ab, in dem es wahrgenommen, interpretiert und bewertet wird. Verändert man den Rahmen, verändert man auch die Bedeutung. Zwei zusätzliche Pferde sind eine gute Sache, solange man dies nicht aus dem Interpretationsrahmen des gebrochenen Beines heraus anschaut und bewertet. Ein gebrochenes Bein ist etwas Schlechtes, wenn man die fehlende Produktivität auf dem Bauernhof im Auge hat, jedoch mit Blick auf die Rekrutierung beim Militär hat wieder etwas Positives.

Bei der Interventionsmethodik des Reframings wechselt man den Rahmen, aus dem heraus ein Mensch etwas betrachtet, um die zugeschriebene Bedeutung aus einer anderen Perspektive sehen zu können (Heinze 1996, S. 64).

Reframing ist das entscheidende Element im kreativen Prozess. Indem man ein Ereignis aus einem anderen Rahmen heraus betrachtet, wird seine Bedeutung verändert. Watzlawik (Watzlawick et al. 1988, S. 95) definiert das Reframing wie folgt: „Eine Bedeutung besteht also darin, den begrifflichen und gefühlsmäßigen Rahmen, in dem eine Sachlage erlebt und beurteilt wird, durch einen anderen zu ersetzen, der den ‚Tatsachen' der Situation ebenso gut oder sogar besser gerecht wird und dadurch ihre Gesamtbeurteilung ändert." Es geht also nicht darum, den wahrgenommen Impuls zu verändern, sondern lediglich um den Wechsel der dazu getroffenen Bedeutungszuschreibung.

Vor einiger Zeit erlebte ich in einer Beratung einen Manager, der sich beharrlich weigerte, eine bestimmte Veränderungsarbeit zu unterstützen. Unsere Mitarbeiter verzweifelten an seiner Halsstarrigkeit. Ich verabredete mit ihm ein Einzelcoaching. Dort schilderte er mir sein Erleben mit der Veränderungsmaßnahme sinngemäß wie folgt: „Durch den Umstrukturierungsprozess bekomme ich eine Vielzahl von neuen Mitarbeitern, die ich wieder von vorne anleiten muss. Ich habe dies jetzt schon über die Jahre meiner Zugehörigkeit zum Unternehmen viele Male machen müssen. Jedes Mal hat mich das derartige Kraft gekostet, dass ich mich anschließend fragen musste, ob sich das überhaupt für mich gelohnt hat."

Zunächst erkundigte ich mich danach, ob er sich noch an einige Mitarbeiter aus diesen Prozessen erinnern könne und was aus ihnen geworden sei. Ich erfuhr, dass einer jetzt im Ausland und dort Geschäftsführer einer Niederlassung sei, ein anderer Abteilungsleiter in einem sehr angesehenen Entwicklungsbereich sei und ein Dritter die Unternehmung verlassen habe.

„Sehen Sie", sagte ich, „Sie haben durch ihr persönliches Engagement dazu beigetragen, Mitarbeitern ihr Know-how zu vermitteln. Dadurch konnte die Unternehmung an wichtigen Stellen Mitarbeiter einsetzen, die von ihnen ausgebildet wurden. Sie haben also einen wesentlichen Beitrag dazu geleistet, die Unternehmung bei dem Ausbau ihrer Kernkompetenzen zu unterstützen und damit zur Sicherung der Unternehmung beigetragen. Einer hat die Unternehmung verlassen, weil er verstehen lernen musste, dass er woanders mit seinem Können besser aufgehoben ist und die Firma nicht dadurch belasten sollte, dass er in einen passiven Widerstand geht. Alle diese Mitarbeiter haben das durch ihre Mithilfe geschafft. Kompliment dazu! Halten Sie doch an dieser Methode fest. Unterstützen Sie weiter. Geben Sie den Leuten eine Chance, sich unter ihrer Führung zu bewähren. Vermitteln Sie ihnen Ihre Werte. Wer durch Ihre Hände geht, kann Karriere machen!"

Danach geschah etwas sehr Erstaunliches: So habe er die Dinge noch gar nicht betrachtet, sagte er nachdenklich. Es wäre doch wohl sehr wichtig, dass er aktiv am Umbau der Unternehmung mithelfe, damit etwas „Vernünftiges" dabei herauskomme.

Dieses Beispiel macht deutlich, dass es nicht gilt, das Ereignis dadurch zu verändern, dass man es inhaltlich umgestaltet und Angebote macht, wie man der bestehenden Situation ausweichen kann, sondern indem man das Ereignis anschaut und von einer anderen Bedeutungsebene her nach Lösungen sucht. Auch Veränderungsmanager verfallen häufig in den Fehler, dem Verdrängungsmechanismus der beteiligten Mitarbeiter zu entsprechen, indem sie versuchen, Ideen für neue Handlungsanweisungen zu entwickeln, anstatt das vorgefundene Ereignis zu reframen. In unserem Beispiel hätte ich natürlich auch Überlegungen anstellen können, unter welchen Bedingungen der Manager bereit gewesen wäre, den Veränderungsprozess aktiv zu unterstützen. Insoweit ist es hilfreich, sich zunächst den betreffenden Sachverhalt hinsichtlich seiner Bedeutungszuschreibung schildern zu lassen und dann das Reframing als Methode zu nutzen.

Ein anderes Beispiel kommt aus dem Bereich der Produktion. Der Teamleiter einer Gruppe am Montageband eines Automobilherstellers beklagte sich darüber, dass es seine Mitarbeiter, trotz aller Ermahnungen, mit der Sauberkeit nicht so genau nähmen. Da sein Team in der Endmontage arbeitete, wurden die Autos den Kunden mitunter in dem schmutzigen Zustand übergeben, den die Gruppe zuletzt am Auto hinterlassen hatte. Er hatte alles an Regeln vereinbart, was ihm möglich war, hatte Abmahnungen, sogar Versetzungen vorgenommen, doch ohne Erfolg.

Wir verabredeten daraufhin: Wenn wieder ein Auto in diesem Zustand in die Übergabe rolle, solle er einen aus der Gruppe zum Fahrzeug rufen und ihn bei der Übergabe an den Kunden dabei sein lassen. Dies war natürlich ein gewaltig hohes Risiko, denn einem Kunden sein neues Auto unsauber zu präsentieren kann dazu führen, dass man ihn auf Dauer verliert. Aber wir wollten dieses Risiko eingehen, damit der Mitarbeiter einmal selbst erleben könne, was es für den Kundenbetreuer bedeutet, ein Fahrzeug in diesem Zustand übergeben zu müssen. Er sollte erleben, wie sich der Mitarbeiter für seine Kollegen entschuldigen muss, und mit anhören, was der Kunde hinsichtlich seiner Zufriedenheit mit dem Produkt, der Marke und der Konkurrenz zu sagen habe.

Nachdem der betroffene Mitarbeiter das alles live erlebt hatte, änderte sich das Verhalten der Gruppe schlagartig. Offensichtlich änderte sich vor allem die Bedeutung, die man der Verschmutzung zuschrieb, ganz gewaltig. Solange man dem Kollegen nicht in die Augen schauen muss, der das Produkt mit vielen Entschuldigungen an den Kunden übergibt, sondern lediglich darauf achtet, dass die Arbeit beendet ist, so lange blieb die Bedeutung, trotz aller Regeln, immer im gleichen Rahmen. Erst als der Mitarbeiter der Übergabe seines Produkts in einem anderen Rahmen beiwohnen musste, änderte sich die Bedeutung von „Sauberkeit“.

4. Lösungen zur eigenen Hypothese

Ein weiteres wichtiges Interventionsinstrument ist die Lösungsstrategie mit der eigenen Hypothese. Jeder Beobachter eines Systems verfügt über eine innere Landkarte, die er im Laufe seines Lebens erworben hat. Sie gilt ihm als Maßstab oder Ideal und hilft ihm, Unterscheidungen wahrzunehmen. Wie oben ausgeführt, führt die „Leiter der Schlussfolgerungen“ (S. 45) über die Maßstäbe zu einer differenzierten Wahrnehmung, schließlich zu entsprechenden Interpretationen und Bewertungen.

Vom Moment der ersten Auseinandersetzung mit einem Sachverhalt an beginnt der Betrachter, Hypothesen darüber anzustellen, wie er das Erfahrene interpretieren soll.

Maturana und Varela (1987, S. 28) definieren die Hypothese als „ein konzeptuelles System, das fähig ist, das zu erklärende Phänomen in einer für die Gemeinschaft von Beobachtern annehmbaren Weise zu erzeugen". Eine Hypothese ist demnach ein Modell, das in der Lage ist, die beobachteten Ereignisse durch Beschreibung wieder hervorzubringen. Hypothetisieren verlangt vom Betrachter, explizit zu formulieren, statt mit unausgesprochenen Vermutungen zu arbeiten, und seine Formulierung überprüfbar zu machen, indem sie zu Fragen oder Handlungen anregt, die sie stützen oder infrage stellen.

Schwierig wird eine Situation erst dann, wenn die beobachtbaren Phänomene nicht verstehbar sind. Das System bezeichnet sich dann selbst als in einem Zustand der Mutlosigkeit oder Verzweiflung, wenn es für seine Symptome keine Erklärungen innerhalb seiner selbst finden kann oder sie zwar zu bezeichnen vermag, aber sich nicht in der Lage sieht, mit gezielten Aktionen gegenzusteuern. Verantwortlichen Führungskräften in Veränderungsprozessen wird in einer solchen Phase gern die Fähigkeit zugeschrieben, über ein „Geheimwissen" zu verfügen, das Macht und Einfluss auf die „Heilung" hat (Simon 1995, S. 25). Sie erliegen häufig ihrer Charakterschwäche und wollen sich der Welt als „Guru" oder „Heiler" präsentieren. Sie machen sich zum Entscheider über Gut und Böse, Richtig und Falsch und geben vor, wie das Problem zu deuten sei. Solange sie bereit sind, ihr Interpretations- und Bewertungsschema transparent zu machen, ist das kein Problem. Schwierig werden Situationen erst dann, wenn die Entscheider die Aufdeckung solcher Bezugsrahmen verhindern oder gar ihre Problemlösungsmethodik als richtig und jede andere als falsch bezeichnen.

Im Unterschied zu der mechanischen Wirkungswelt von Entweder-oder bedarf es der Fähigkeit, mehrere Hypothesen anzubieten und alle anderen Prozessbeteiligten zu bitten, weitere Hypothesen zu entwickeln, die auf den ersten Blick vielleicht nichts miteinander zu tun haben oder sich gar widersprechen oder alles miteinander in der Schwebe halten. Es geht nicht darum, die beste Hypothese zu gewinnen, die alle anderen aus dem Rennen schlägt, sondern sie alle im Zustand der Ambivalenz auf ihre Struktur und methodische Wirkungsweise hin zu untersuchen. Wenn das gelingt, teilen wir einen gemeinsamen Gedankeninhalt, selbst wenn wir nicht völlig mit ihm übereinstimmen (Bohm 1998, S. 66). Wir partizipieren an den Gedankenstrukturen aller, ohne uns gegenseitig überzeugen oder überreden zu wollen.

Jeder, der sich die Aufgabe gestellt hat, in einem Unternehmen einen Veränderungsprozess zu initiieren, wird, wenn er die ersten Hypothesen entwickelt, schnell in bekannten Schubladen üblicher Interpretationsmuster landen. Die Rolle, die es zu verstehen und entwickeln gilt, ist die eines ständig aus wechselnden Perspektiven schauenden Beobachters. Man muss ein Spiel unterschiedlicher Parteiischkeiten entwickeln, ohne dabei in ein bodenloses Chaos zu geraten. Es braucht also eine Methode, die beim Wechsel der Perspektiven Orientierung gibt. Hier kann das Tetralemma helfen.

Das Tetralemma ist eine Struktur aus der traditionellen indischen Logik zur Kategorisierung von Handlungen und Standpunkten (Sparrer u. Varga von Kibéd 2000, S. 41).

Ein einfacher Überblick über die Wirkung von Aktionen der Beteiligten – sei es eines Veränderungsmanagers als Teil des Systems oder eines externen Beraters – lässt sich mithilfe eines Vierfelderschemas gewinnen (vgl. auch Simon 1995, S. 161 ff.), das insgesamt vier Möglichkeiten der Wirkung von Aktionen bzw. der Positionierung von Personen oder Rollen postuliert:

Es unterscheidet Aktionen, die *entweder* zur Herstellung eines *Problems oder* aber zur Herstellung seiner *Lösung* beitragen oder, dritte

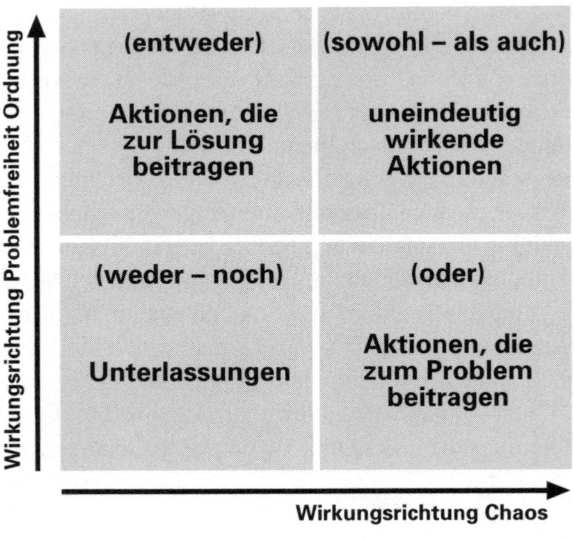

Abb. 29: Das Tetralemma-Feld

Möglichkeit, *sowohl* bei der Herstellung des Problems *als auch* bei der Herstellung der Lösung mitwirken; als eine vierte Möglichkeit gilt die Unterlassung, die *weder* zur Entstehung eines Problems *noch* zu seiner Lösung beiträgt. Insofern geht es bei Entscheidungen also eigentlich immer um ein Tetralemma.

Der Veränderungsmanager kann jetzt in diesen vier Feldern unterschiedliche Perspektiven zu einer gedachten oder vorgetragenen Hypothese einnehmen.

Innerhalb eines Tetralemma-Feldes sind widersprüchliche Interessen skizzierbar. Nach diesem Modell müssen sich die Protagonisten innerhalb eines sozialen Systems positionieren.

Im Tetralemma übernimmt der Veränderungsmanager keine Funktion im oben genannten Sinne, sondern er beschränkt sich darauf, die Außenperspektive einzuführen und die Beobachtung der Kommunikationsteilnehmer im ersten Fall (sowohl – als auch) auf problemerzeugende und -erhaltende Mechanismen, im zweiten Fall (weder – noch) auf Merkmale der Lösung und mögliche Wege dahin zu fokussieren. Wenn es gelingt, die Rolle des „sowohl – als auch" einzunehmen, kann man erkennen, dass die Handlungsalternative, die aus der „Entweder-oder"-Sichtweise als „falsch" hervorging, eine

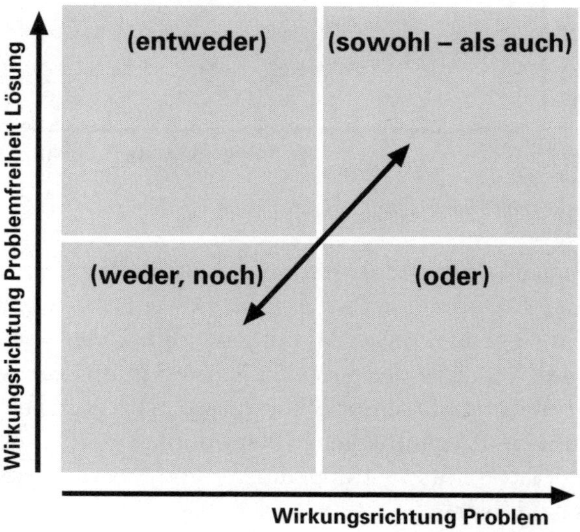

Abb. 30: Die Achse der Neutralität

Vielzahl von Einsichten und Lernprozessen ermöglicht. Hinter der Konfrontation entdeckt man mögliche Strategien, welche die Notwendigkeiten dieser Vorgehensweise erklären. Der Kompromiss besteht in einer Mischung aus der Entdeckung verborgener Strategien in der Position des „sowohl als auch" und der Hinwendung zu einer Lösung, wobei sich die Parteien im „weder – noch" von früheren Interpretationen und Bewertungen lösen.

Eine andere Möglichkeit ist die Achse der Parteilichkeit. Im Unterschied zur Achse der Ambivalenz gerät der Veränderungsmanager in die Gefahr, eine der beiden Seiten als „falsch" zu betrachten.

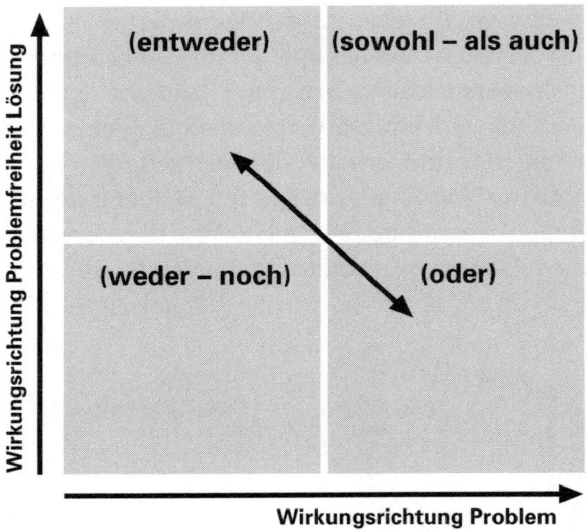

Abb. 31: Die Achse der Parteilichkeit

Im Wirkungsfeld „entweder" nimmt der Veränderungsmanager die vorgeschlagene Hypothese als richtig an. Bewegt er sich jetzt gedanklich zu dem Gegenteil dieser Hypothese, zum „oder", so ist dieser gedankliche Weg einer der gebräuchlichsten in unserer westlichen Logik. Der eine oder der andere Standpunkt wird zum Fehler deklariert. Diese beiden gegensätzlichen Standpunkte markieren den Konflikt: das typische Entscheidungsmuster von schwarz/weiß, alles/gar nichts, voll/leer.

Das generelle Problem parteilicher Beratungsstrategien besteht darin, dass sich die Beteiligten meist in ihrer Beschreibung und Bewertung nicht darin einig sind, was das Problem ist, wie es zu erklären ist und wie die Lösung aussehen und erreicht werden könnte. Dadurch führt die Parteiischkeit des Veränderungsmanagers häufig zu Gegenreaktionen, die den vorgeschlagenen Methoden nicht nur Widerstand leisten, sondern mit gezielten Gegenaktionen eigene Versuche zur Lösung entwickeln. So können die Hypothesen des Beraters – gewollt oder ungewollt – einen paradoxen Effekt erzielen. Ein interessantes Beispiel begegnete uns in einem pharmazeutischen Betrieb: Dort war innerhalb einer Produktsparte die Vertriebsmannschaft so groß geworden, dass man lange darüber diskutierte, ob man eine weitere Führungsebene brauche. Die Diskussion war sehr kontrovers, da sich die sehr selbstständig agierenden Mitarbeiter nicht noch mehr kontrollieren lassen wollten. Dennoch machte eine Beratungsfirma den Vorschlag, acht neue Teamleiter in die Führungsspanne einzuziehen. Mit Bekanntwerden dieser Idee organisierten die Vertriebsmitarbeiter ein Meeting, in dem sie eine Strukturreform erarbeiteten, die die Einsetzung von Teamleitern unnötig machte. Der Vorschlag wurde von der Geschäftsleitung angenommen, die Beratungsfirma mit den abfälligsten Kommentaren belegt und zum Teufel gejagt.

5. Lösungen durch deduktive und induktive Ziele

Bei einer Diskussion über Interessen und entsprechende Aktivitäten, über Widerstände und Lösungen liegen auch Gedanken über Ziele recht nahe. Es stellt sich die Frage: Kann man vielleicht durch Zielbildungsprozesse Lösungsprozesse initiieren?

Wir glauben, dass man in der Regel kein präzises, allumfassendes Ziel für eine Organisation formulieren kann. Das gilt sowohl für die im normativen Management gesetzten Ziele als auch für diejenigen, die, induktiv formuliert, zur Überwindung von Widerständen und Konflikten beitragen sollen. Wir können lediglich eine allgemeine Zielvorstellung für eine Organisation in ihrer Gesamtheit erkennen, wenn sie im deduktiven Veränderungskonzept als die temporäre Umsetzung einer Vision in Teilschritten verstanden wird. Die Annahme, Individuen organisieren sich, um ein bestimmtes gemeinsames Ziel zu erreichen, scheint uns keine Voraussetzung für das Verständnis organisatorischen Handelns zu sein. Deshalb ist die Vorstellung für uns unhaltbar, einen Zielbildungsprozess von unten nach oben durch die Unternehmung tragen zu können. Die verschiedenen beschriebenen Metaphern belegen dies.

Hinzu kommt, dass Ziele von ihren Ergebnissen und den Mitteln der Zielerreichung schwer zu trennen sind. Vielleicht sind sie enger mit Handlungen verknüpft, als wir uns das gemeinhin vorstellen. Versteht man sie womöglich am besten als nachträgliche Zusammenfassungen dessen, was die Organisationsmitglieder wirklich erreicht haben? Häufig werden Aktionen erst in der Retrospektive als zielgerichtet bezeichnet, nicht zuletzt auch, um Sagen, Mythen und Legenden zu schaffen.

Die Schwierigkeit, ein allumfassendes Ziel für eine Organisation zu formulieren, lässt sich unter Umständen mit der großen Vielfalt der Einflüsse, die von den oben aufgeführten Interessenten ausgehen, erklären. Jedes Subsystem versucht, seine Interessen zu schützen und seine Ziele zu erreichen. Dies bringt Konkurrenz mit sich und eröffnet Konfliktsituationen, die zu Kompromissen, aber auch zu offenen Streitigkeiten führen können. Andererseits sollte man auch daran denken, dass die Unklarheit bezüglich eines „allumfassenden Zieles“ der Organisation gerade eine Grundlage der Zusammenarbeit darstellen kann. Einige Zielplaner setzen Unbestimmtheit deshalb als implizierte Strategieannahme bewusst ein, um ihre eigene Sicherheit hinsichtlich eines möglichen praktischen Prozesses zu organisieren.

Diese Sicherheit ist auf mindestens zwei verschiedenen Wegen zu erreichen. Zum einen durch das absichtliche Herbeiführen von Unklarheit, zum anderen durch das Vertrauen auf die Alltagsroutine der Entscheider. Das hört sich zunächst verwirrend an und ist selbstverständlich nicht so gemeint, dass eine Ungenauigkeit der Rahmenbedingungen erstrebenswert wäre. Es bedeutet nur, dass nicht jeder Gestaltungsraum sogleich durch detailgenaue Aktivitäten zu füllen ist, und gestattet es so, den einzelnen Details ihre Präferenzen zu lassen. Paradoxerweise wirkt Unklarheit manchmal durchaus als Sicherheitsfaktor, der dazu beiträgt, die weitere Tätigkeit zu schützen.

Die erfolgreiche Bearbeitung der vielen teils induktiv, teils deduktiv entwickelten widersprüchlichen Zielvorstellungen einer Organisation hängt von dem Maß der Aufmerksamkeit ab, die dem Umstand gewidmet wird, wie viele verschiedene Ziele zu unterschiedlichen Zeiten bearbeitet bzw. priorisiert werden. Ein allumfassendes Ziel sollte lediglich Orientierung hinsichtlich der Priorisierung anderer Ziele geben. Entsprechend sollten die Entscheider unterer Hierarchieebenen ihre Teilziele so organisieren, dass sie mit ihren Alltagsroutinen vereinbar abgearbeitet werden können. Dadurch wird ein allumfassendes Ziel für die verschiedenen Repräsentanten, die innerhalb des Unternehmens ihre Teilziele definiert haben, weder notwendig noch erstrebenswert. Dies steht in deutlichem Gegensatz zum deduktiven Ansatz, bei dem das Management gezwungen ist, ein allumfassendes Ziel aufzubauen, und es gegebenenfalls auch mit Unbestimmtheit verteidigt. Insofern ist es die Aufgabe des deduktiven Ansatzes, den vielen induktiven Zielen eine Entwicklungsrichtung zu geben.

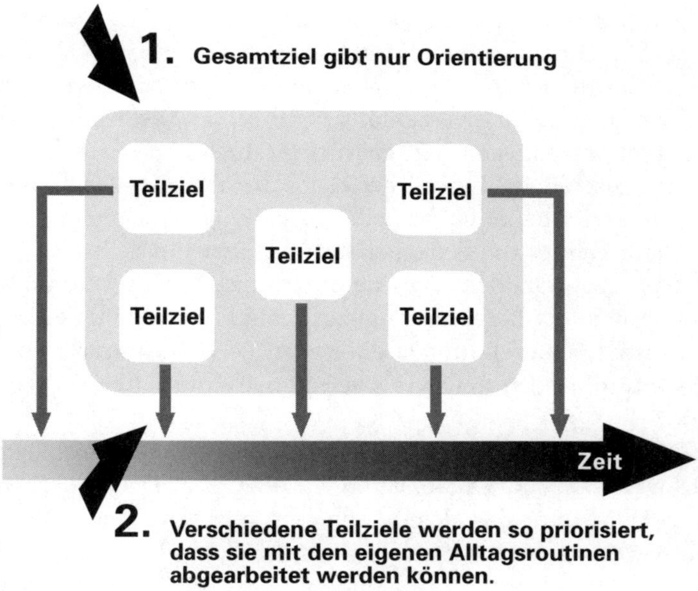

Abb. 32: Gesamtziele und Teilziele

In bestimmten Situationen versucht das Top-Management jedoch, ein etwas anderes Verfahren anzuwenden. Dies ist insbesondere dann der Fall, wenn das Ziel des Unternehmens außen Stehenden präsentiert werden soll. Anstelle von Unbestimmtheit wird in diesen Fällen eine stimmige, also nicht kontroverse Fassade vorgestellt. Die Organisation wird in idealisierter Form dargeboten.

Jeder Organisationsentwickler, der diese oder ähnliche Ausgangslagen beschreiben und analysieren will, sieht sich hier vor eine schwierige Aufgabe gestellt, immer zu unterscheiden, an welcher Stelle er sich in seinem Abwicklungsprozess befindet. Soll er die vorgelegte Beschreibung des Ziels akzeptieren oder soll er versuchen, hinter den Nebelvorhang zu kommen? Außerdem, wer sagt einem, dass hinter dem Nebel Kontur ist? In diesen Zusammenhang gehört auch die Frage nach der Bedeutung des Gesamtziels für das einzelne Organisationsmitglied. Zwar stimmen die Ziele des Individuums mit denen der Organisation manchmal überein, dies ist jedoch eher selten der Fall. Möglicherweise täuscht der Einzelne auch unter Verdrängung persönlicher Ziele eine Zielkongruenz vor, oder, noch interessanter, er verkündet Zielkonformität, arbeitet aber daran, dass das Ziel scheitert, damit er selbst überleben kann. Der Rahmen für die persönliche Interpretation ist hier groß. Der Einzelne glaubt, seine eigenen Interessen seien mit denen der Organisation identisch, Widersprüche kann er jedenfalls nicht sicher bestimmen, oder er nimmt Interessengegensätze gar nicht wahr. Manchmal sehen wir in den Augenschlitzen dieser Überlebenskünstler aber auch das ganze Ausmaß an Professionalität und Aggressivität im Umgang mit Zielen. Dann geht es um Selbstbehauptung statt um Selbsterkenntnis. Die Menschen glauben, dass sie durch dieses eine Feuerrad springen müssten (ein Ergebnis langjährig falsch vermittelter Führungskräfteentwicklung?), um zu überleben. Jede Aktion, die hier zur Selbstreflexion aufruft, wird als verräterisch und subversiv gebrandmarkt.

Für einen Organisationsentwickler ist es schwierig festzustellen, welchen Zielen eine Organisation wirklich folgt. Denn anscheinend muss er nicht nur das akzeptieren, was das Management oder ein dominierender Interessent als Gesamtziel beschreibt, sondern er muss außerdem noch herausfinden, was die einzelnen Organisationsmitglieder tatsächlich anstreben. Erst von dieser Zielmischung – und diese leistet zweifellos eine deduktive und induktive Systematik – kann angenommen werden, dass sie die wirklichen Ziele einer Organisation repräsentiert. Im Gegensatz zu allen übrigen Zieltypen, die wir induktiv ermitteln, baut das deduktive Ziel vor allen Dingen Normen auf, die festlegen, wie Ziele beschaffen sein sollen oder welche Rahmenbedingungen beachtet werden müssen.

Es besteht ein Unterschied zwischen wirklichen und angegebenen politischen Zielen. Der Unterschied besteht darin, dass man sich durch das politische Vehikel gegenseitig versichert, man arbeite daran, das ökonomische Resultat der eigenen Einheit zu maximieren. Tatsächlich beschäftigt man sich jedoch damit, die interne Position der Einheit – und damit seine eigene – innerhalb der Organisation zu stärken (Simon 1998, S. 79 ff.). Obwohl die Unternehmensziele als unpräzise und unbestimmt beschrieben werden, toleriert das Top-Management diese methodisch zunächst gewollte Unsicherheit freilich nicht. Vage Vorstellungen werden, je weiter man sie deduktiv zur Umsetzung bringt, in immer präzisere Ziele verwandelt. In einem Versuch-und-Irrtum-Prozess werden sie auf jeder Hierarchieebene präzisiert und überprüft, indem man herauszufinden versucht, wie gut man sich in die Richtung bewegt, die den Auslegungen und Wünschen jedes Einzelnen entspricht. In diesem Prozess werden Leitprinzipien aufgestellt, Zielvereinbarungen getroffen, Budgets erarbeitet und Ergebnisse bewertet. Bewegt man sich nicht in die gedachte Richtung, werden ergänzende Ziele hinzugefügt. Das führt bei einigen Unternehmen dazu, dass es sieben Top-Ziele gibt, die sich bei den Zielvereinbarungen auf Teamleiterebene dann auf ca. 100 Jahresziele erweitert haben, die monatlich hinsichtlich ihres Zielerreichungsgrades überprüft werden.

M. Foucault hat diesen Prozess sehr klar beschrieben. Die Vereinbarung von Zielen stellt letztendlich einen aus dem 17./18. Jahrhundert stammenden historischen Prozess der Weitergabe von Macht dar. Sie wird u. a. durch ein ausführliches Berichtswesen ausgeübt, welches die Aufgabe der Überwachung hat. Die Teilhabe an der Macht bedeutet gleichzeitig die Eingliederung in ein hierarchisches Normensystem, das die Aufgabe der eigenen Freiheit fordert (Foucault 2001, S. 39 ff.).

Steht man trotz allem dem Erfolg der in harter Arbeit und oft unendlich dauernden Klausurtagungen formulierten Ziele skeptisch gegenüber, pflegt man mit zynischem Blick den Gedanken von der normativen Kraft des Faktischen vorzutragen. In der Regel soll dies heißen, dass – anders als von der Theorie vorgesehen – die unternehmerische Alltagsroutine und die damit verbundene Normenkontrolle mit ihren zahlreichen kleineren und großen Entscheidungen weitgehend die „strategischen" langfristigen Wahlmöglichkeiten definiert. Mit anderen Worten geschieht nur das, was die Identität der Unternehmung zulassen kann.

6. Lösungen durch Optimierung der Angemessenheit

Wenn somit die Routine die Strategie beherrscht, welche Kraft haben dann noch beabsichtigte Veränderungsprozesse? In diesem Zusammenhang tauchen oft die Begriffe Optimierung und Angemessenheit auf. Optimierung kann als das Bestreben verstanden werden, die absolut beste Leistung zu erreichen, wohingegen der Begriff Angemessenheit eher bescheiden wirkt. Als man von der Illusion, optimale Lösungen zu finden, Abschied nehmen musste und auf den harten Boden der Realität zurückkehrte, führte man das Erklärungsprinzip der Angemessenheit ein: Was erreicht werden soll oder was erreicht werden kann, ist nicht das beste oder maximale Ergebnis, sondern ein hinreichendes Ergebnis. Sowohl die Idee der Optimalität als auch die der Angemessenheit sind typische Beispiele von Steuerungsideen, deren entschiedene Anwendung die gesamte Unklarheit einer vorgeblich klaren Unternehmensführung ausdrückt.

Die Unternehmensleitung ordnet Optimierung an und kennt das Ergebnis nicht. Man ruft Fachleute, die anhand von sich selbst bestätigenden Instrumenten und Techniken qualifizierte Rechengrößen in Aussicht stellen, die entsprechende Begehrlichkeiten wecken. Aus der Verliebtheit in das eigene Optimierungsmodell heraus verspricht der Berater goldene Zeiten und kündigt für den Fall, dass man nicht sofort zur Tat schreite, nicht selten mit schulmeisterliche Strenge, eine herannahende Katastrophe an.

Scheitert das Optimierungsmodell, sprich: das Ideal desjenigen, der die Macht hat, nicht explizit sagen zu müssen, was das Optimum ist, so sind es letztendlich die unvermögenden Mitarbeiter, die nicht die ausreichende Raffinesse besitzen oder unmotiviert sind. Optimalität tritt gepaart mit dem Glauben an die Unfehlbarkeit des technischen Modells auf, das sie geboren hat. Dahinter verbirgt sich wieder der Wunsch nach mechanischen Strukturen, wie wir ihn schon in der mechanistischen Metapher kennen gelernt haben. Stringenz und Eleganz bei der Präsentation der angestrebten Ergebnisse bilden zusammen mit der Faszination, die von dem hohen Berechnungsgewinn ausgeht, die Grundpfeiler des Optimalitätsgedankens.

Optimierung kann auch als eine Form von Wahrnehmungsselektion verstanden werden. Derjenige, der die Unternehmung betrachtet, sieht nur die Dinge, nach denen er zu sehen gelernt hat. Jede Beratungsfirma sieht durch den methodischen Filter, mit dem sie ihre Mitarbeiter eingenordet hat. Weshalb verfallen ganze Heerscharen von Unternehmensleitungen in Begeisterungsstürme über eine Gemeinkostenwertanalyse oder eine Geschäftsprozessoptimierung, wenn die Firma McKinsey auf Akquisetour ist? Was sollte da noch anderes wichtig sein?

Der Optimierer verwendet jene Parameter, die er für wichtig hält und die seine Auftragnehmer für wichtig halten. Anschließend analysiert er die Unternehmung anhand dieser Parameter und manipuliert die gefundenen Problemstellungen, damit sie im Sinne des eigenen Modells lösbar werden. Dadurch entsteht eine hohe Befriedigung bei ihm. Der Auftraggeber ist nur so weit zufrieden, wie die geweckten Begehrlichkeiten sich auch in messbare Ergebnisse umsetzen lassen. Dieser Umsetzungsprozess bedarf einer kontinuierlichen Betreuung, die aus Kostenerwägungen aber nicht immer zu leisten ist. Insofern scheitern die Modelle nie, nur diejenigen, die sie leben müssen. Gut für den Optimierer, er zieht weiter durchs Land und verkündet seine Heilslehren.

Die Steuerungsgröße der Angemessenheit kompliziert den eben gezogenen Schluss noch etwas mehr: Angemessen ist eine Zielgröße dann, wenn sie minimale Akzeptanz findet. Dazu ist es notwendig, mit den am Prozess der Angemessenheitsfeststellung beteiligten Menschen zu verhandeln. Dabei kommt es darauf an, diejenige Grenze herauszufinden, die nicht unter- oder überschritten werden darf, soll nicht das Ergebnis konfliktär werden. Das setzt wiederum voraus, dass alle ihre eigene Befriedigungsschwelle kennen und nicht während des Prozesses verändern. Da erkennbarerweise dieser Prozess immer hochpolitisch ist, muss damit gerechnet werden, dass der Begriff der Angemessenheit eher zur Schönung des Ergebnisses beiträgt. Am Ende sind sich alle einig, dass unter den gegebenen Bedingungen nicht mehr zu erreichen war.

Verbinden wir nun beides: Stellen wir uns vor, dass der Veränderungsmanager, berauscht von seinem eigenen Modell und seinen Methoden, aufgrund seiner Erziehung und den schulischen Leistungsnachweisen, die er im Laufe seines Lebens so zu erbringen hatte, dass er die Richtigkeit des Modells zu bestätigen lernte, doch eine gewisse Ehrfurcht vor der Optimierung hat, dann bleibt ihm noch die Kunst, sie angemessen zu praktizieren.

Zum Schluss: Welche Intervention ist richtig?

Zwei befreundete Organisationsentwickler treffen sich in einem Café. Der eine bekannt und geschätzt, der andere am Anfang seiner Karriere.

„Kannst du mir nicht sagen", fragt der Jüngere den Älteren, „wie du dieses viele Wissen über Veränderungsprozesse erworben hast?" Der Ältere setzt sich in Positur und sagt: „Also zunächst habe ich, wie du ja weißt, bei einem Professor studiert, der Organisationsentwicklung lehrte. Dann habe ich viele Bücher gelesen, besonders über Philosophie und Psychologie. Dann kamen viele Praxisfälle, an denen ich Modelle entwickeln konnte. Aber das Wichtigste war die Begegnung mit einem weisen Mann, der in einer einsamen Bergregion fernab der Zivilisation lebt. Er hat mir letztendlich die Ratschläge gegeben, die mich so erfolgreich gemacht haben."

„Das ist ja wahnsinnig, so einen weisen Mann möchte ich auch kennen lernen!", sagt der Jüngere.

Der Ältere antwortet: „Das ist nicht so einfach. Da er wirklich außerhalb der Zivilisation lebt, musst du eine gute physische Konstitution haben, du musst lange Tagesmärsche auf dich nehmen, unter freiem Himmel schlafen und für dein Essen selbst sorgen. Unterschätze das nicht!"

Der junge Organisationsentwickler meldet sich am nächsten Tag bei einem Fitnessstudio an und stählt einige Monate seinen Körper, bis er endlich aufbrechen kann, um den weisen Mann zu besuchen.

Nach einer langen und strapaziösen Reise erreicht er schließlich sein Ziel. Ehrfurchtsvoll nähert er sich dem weisen Mann. Er will mit seinen Tausenden von Fragen, die ihm auf der Zunge liegen, geradewegs herausplatzen, als der weise Mann ihn harsch anspricht:

„Was guckt denn da aus deiner Hemdtasche heraus?"

„Ach, nichts weiter", antwortet der junge Mann, „das sind nur meine Zigaretten."

„Was für Zigaretten sind das denn?", fragt der alte Mann.

„Marlboro."

„Gib mir die Zigaretten! Ich rauche für mein Leben gern!"

Der junge Mann gibt ihm etwas verwirrt die Zigaretten und will gerade seine erste, äußerst wichtige Frage stellen, als der alte Mann ihm mit einer strengen Geste zuvorkommt.

„Die Audienz ist beendet. Falls du noch einmal kommen solltest, bring mir Zigarren mit, die rauche ich eigentlich lieber!"

„Aber …"

Doch der alte Mann wendet sich ab und verschwindet. Fassungslos und wutentbrannt bricht der junge Mann noch am gleichen Tag auf und geht den langen Weg nach Hause zurück. Dort angekommen, sucht er sofort seinen Freund auf und schreit ihn an:

„Was für eine Überheblichkeit, was für eine Arroganz von diesem alten Mann! Ich opfere meine kostbare Zeit für so etwas, und du hast mir das alles eingebrockt!"

Der ältere Freund schaut ihn an und sagt:

„Vielleicht musst du es wirklich noch einmal versuchen, vielleicht war er nur schlecht gelaunt, aber ich würde mir auf keinen Fall die Möglichkeit nehmen, es noch einmal versucht zu haben. Und vor allem: Nimm ihm doch die Zigarren mit!"

Nach etwa einem Monat des Nachdenkens und Abwägens entschließt sich der junge Mann, es noch einmal zu versuchen. Wieder macht er sich auf den beschwerlichen Weg, und wieder tritt er vor den weisen Mann. Bevor er jedoch seine wichtigste Frage stellen kann, schneidet ihm der Alte wieder das Wort ab:

„Was hast du denn da unter dem Arm? Zigarren? Aber ich habe doch das Rauchen aufgehört. Konnte dir denn nichts Besseres einfallen, als mir Zigarren mitzubringen? Verlass mein Haus, die Audienz ist beendet!"

Literatur

Argyris, C. (1997): Wissen in Aktion. Stuttgart (Klett-Cotta).

Argyris, C. u. D. A. Schön (1978): Die lernende Organisation. Stuttgart (Klett-Cotta).

Bateson, G. (1972): Ökologie des Geistes. Frankfurt a. M. (Suhrkamp).

Bataille, G. (1987): Das Unmögliche. München. Wien (Hanser).

Bennis, W. (1998): Menschen führen ist wie Flöhe hüten. Frankfurt a. M. (Campus).

Bertalanffy, L. von (1953): Biophysik des Fließgewichtes. Braunschweig / Wiesbaden (Vieweg).

Bleicher, K. (1996): Das Konzept integriertes Management. Frankfurt a. M. (Campus).

Bohm, D. (1985): Die implizite Ordnung. München (Dianus-Trikont).

Bohm, D. (1998): Der Dialog. Stuttgart (Klett-Cotta).

Bohm, D., J. Krishnamurti a. R. McCoy (1999): The limits of thought. Discussions. London (Routledge).

Bridges, W. (1980): Transitions. Reading, MA (Addison-Wesley).

Castaneda, C. (1976): Ring der Kraft. Frankf.urt a. M. (Fischer).

Checkland, P. B. (1981): Systems Thinking, Systems Practice. Chichester (Wiley).

Churchman, P. (1994): Management Science. Science of Managing and Management of Science. *Interface* 24.

Clausewitz, C. von (1973): Vom Kriege. Bonn (Dümmler).

Cronin, M. J. (1994): Doing Business on the Internet: How the Elektronic Highway is.

Transforming American Companies. New York (Van Nostrand Reinhold).

Dörner, D. (1989): Die Logik des Mißlingens: Strategisches Denken in komplexen Situationen. Reinbek (Rowohlt).

Drucker, P. F. (1969): Praxis des Management: Ein Leitfaden für die Führungsaufgaben in der modernen Wirtschaft. Düsseldorf (Econ).

Durkheim, É. (1961): Regeln der soziologischen Methode. Neuwied (Luchterhand).

Espejo, R. (1983): Management and Information: The Complementary Control-Autonomy. *Cybernetic and Systems: An International Journal* 14.

Faber, M. (1993): Evolution, Time Production, and the Environment. Heidelberg (Springer).

Feyerabend, P. (1976): Wider den Methodenzwang. Frankfurt a. M. (Suhrkamp).

Foerster, H. von (1997): Abbau und Aufbau. In: F. B. Simon (Hrsg.): Lebende Systeme. Frankfurt a. M. (Suhrkamp).

Foerster, H. von (2001): Short Cuts. Frankfurt a. M (Zweitausendeins).
Foerster, H. von (2002): Teil der Welt: Fraktale einer Ethik – Ein Drama in drei Akten. Heidelberg (Carl-Auer-Systeme).
Forrester, J. W. (1973): Industrial Dynamics. Cambridge (MIT Press).
Foucault, M. (1974): Von der Subversion des Wissens. München (Hanser).
Foucault, M. (2001): Die Macht und die Norm. In: M. Foucault: Short Cuts. Frankfurt a. M. (Zweitausendeins).
Freire, P. (1973): Pädagogik der Unterdrückten. Reinbek (Rowohlt).
Fromm, E. (1980): Die Furcht vor der Freiheit. Frankfurt a. M. (Europäische Verlagsanstalt).
Galbraith, J. K. (1965): The New Industrial State. Boston (Houghton Mifflin).
Gomez, P. (1995): Führen in turbulenter Zeit. In: J. P. Thommen (Hrsg.): Management-
Kompetenz. Zürich (Versus).
Gruen, A. (1992a): Der Verrat am Selbst. München (Deutscher Taschenbuch-Verlag).
Gruen, A. (1992b): Der Wahnsinn der Normalität. Realismus als Krankheit. Eine grundlegende Theorie zur menschlichen Destruktivität. München (Deutscher Taschenbuch Verlag).
Gutenberg, E. (1962): Unternehmensführung. Wiesbaden (Gabler).
Hammer, M. a. J. Champy (1994): Business Reengineering. Frankfurt a. M. (Campus).
Harlan, V. (1987):Was ist Kunst?: Werkstattgespräch mit Beuys. Stuttgart (Urachhaus).
Hayeck, F. A. von (1986): Recht, Gesetzgebung und Freiheit – Band 1: Regeln und Ordnung. Landsberg (Moderne Industrie).
Heinze, R. (1980): Die Steuerungsmechansimen der Unternehmensverfassung von spätkapitalistischen Wirtschaftssystemen. Frankfurt a. M. (Campus).
Heinze, R. (1983): Strategische Planung. In: E. Kappler (Hrsg.): Entscheidungen für die Zukunft. Frankfurt a. M. (Frankfurter Allgemeine Zeitung).
Heinze, R. (1996): NLP – Mehr Erfolg, Gesundheit, Lebensfreude. München (Gräfe und Unzer).
Heinze, R. u. E. Rinck (1997): Der Aufschwung beginnt bei mir. Zürich (Orell Füssli).
Helmholtz, H. L. von (1921): Schriften zur Erkenntnistheorie. Berlin (Springer).
Hofstadter, D. (1991): Gödel, Escher, Bach. Ein endlos geflochtenes Band. Stuttgart (Klett-Cotta).
Homans, G. C. (1972): Elementarformen sozialen Verhaltens. Opladen (Westdeutscher Verlag).
Houellebecq, M. (1999): Elementarteilchen. Köln (DuMont).
Houellebecq, M. (2002): Ausweitung der Kampfzone. Reinbek (Rowohlt).
Johnstone, K. (1998): Theaterspiele. Berlin (Alexander).
Jünger, E. (1959): An der Zeitmauer. Stuttgart (Klett).
Kant, I. (1995a): Kritik der praktischen Vernunft. Grundlegung der Metaphysik der Sitten. Frankfurt a. M, (Suhrkamp).
Kant, I. (1995b): Kritik der Urteilskraft. Frankfurt a. M (Suhrkamp).
Kapleau, P. (1979): Die drei Pfeiler des Zen. Weilheim (Barth).

Kappler, E. et al. (1983): Entscheidungen für die Zukunft. Frankfurt a. M. (Frankfurter Allgemeine Zeitung).
Kets De Vries, M. (1998): Führer, Narren und Hochstapler. Stuttgart (Verl. Internat. Psychoanalyse).
Kirsch, W. (1971a): Entscheidungsprozesse. Bd. 2. Wiesbaden (Gabler).
Kirsch, W. (1971b): Entscheidungsprozesse. Bd. 3 . Wiesbaden (Gabler).
Kirsch, W. (1973): Betriebswirtschaftliche Logistik. Wiesbaden (Gabler).
Kirsch, W. (1976): Organisatorische Führungssysteme. Bausteine zu einem verhaltens-wissenschaftlichen Bezugsrahmen. München (Selbstverlag).
Königswieser, R. u. A. Exner (2001): Systemische Intervention: Architekturen und Designs für Berater und Veränderungsmanager. Stuttgart (Klett-Cotta).
Konfuzius (1987): Ausgewählte Texte. München (Goldmann).
Kopp, S. B. (1979): Triffst Du Buddha unterwegs ... Psychotherapie und Selbsterfahrung. Frankfurt a. M. (Fischer).
Kosiol, E. (1962): Organisation der Unternehmung. Wiesbaden (Gabler).
Krieg, W. (1985): Management und Unternehmensentwicklung – Bausteine eines integrierten Ansatzes. In: G. J. B. Probst u. H. Siegwart (Hrsg.): Integriertes Management. Bern (Haupt).
Krishnamurti, J. (1979): Einbruch in die Freiheit. Frankfurt a. M. (Ullstein).
Krishnamurti, J. (1992): Vom Werden zum Sein. Einer der führenden Physiker des Westens im Dialog mit dem großen Weisheitslehrer des Ostens. Hrsg. v. D. Bohm. München (Goldmann).
Krishnamurti, J. (1994): On Learning and Knowledge. San Francisco (Harper).
Krishnamurti, J. (1995): Wandel durch Einsicht: Gedanken des großen Weisheitslehrers über Glaube, Freiheit, Verantwortung. Bern (Barth).
Lawrence, P. R. a. J. W. Lorsch (1992): Organization and Environment: Managing Differentiation and Integration. Boston (Harvard Business School).
Luhmann, N. (1990): Ökologische Kommunikation. Opladen (Westdeutscher Verlag).
Luhmann, N. (2000): Vertrauen: Ein Mechanismus der Reduktion sozialer Komplexität. Stuttgart (Lucius und Lucius).
Malik, F. (1985): Gestalten und Lenken von sozialen Systemen. In: G. J. B. Probst u. H. Siegwart (Hrsg.): Integriertes Management. Bern (Haupt).
Malik, F. (1986): Strategie des Managements komplexer Systeme. Bern (Haupt).
Malik, F. (1993): Systemisches Management, Evolution, Selbstorganisation. Bern (Haupt).
Malik, F. (1994): Managementperspektiven. Bern (Haupt).
Mann, R. (1993): Die fünfte Dimension der Führung. Düsseldorf (Econ).
Mann, R. (1995): Unternehmenserfolg durch Einbeziehen der Mitarbeiter. Mannheim (Korter).
March, J. G. (1984): In: H. Hinterhuber u. S. Laske (Hrsg.): Zukunftsorientierte Unternehmenspolitik. Freiburg i. Br. (Rombach).
Maturana, H. u. F. Varela (1987): Der Baum de Erkenntnis: Die biologischen Wurzeln des menschlichen Erkennens. Bern (Scherz).
McCaughan, N. et al. (1997): Leiten und Leiden. Dortmund (Borgmann).
Monod, J. (1971): Zufall und Notwendigkeit. München (Piper).
Morgan, G. (1997): Bilder der Organisation. Stuttgart (Klett-Cotta).

Nietzsche, F. (1883/84): Also sprach Zarathustra. Leipzig (Fritzsch).
Ortmann, G. (1976): Unternehmungsziele als Ideologie. Köln (Kiepenheuer & Witsch).
Peters, T. u. R. Waterman (1997): Auf der Suche nach Spitzenleistungen. Landsberg a. L. (Moderne Industrie).
Pirsig, R. M. (1976): Zen und die Kunst, ein Motorrad zu warten. Frankfurt a. M. (Fischer).
Platon (1958): Der Staat. Stuttgart. (Kröner).
Popper, K. R. (1973): Objektive Erkenntnis: Ein evolutionärer Entwurf. Hamburg (Hoffmann und Campe).
Popper, K. R. u. K. Lorenz (1988): Die Zukunft ist offen. München (Piper).
Probst, G. J. B. (1985): Regeln des systemischen Denkens. In: G. J. B. Probst u. H. Siegwart (Hrsg.): Integriertes Management. Bern (Haupt).
Probst, G. J. B. (1993a): Organisation: Strukturen, Lenkungsinstrumente, Entwicklungsperspektiven. Landsberg a. L. (Moderne Industrie).
Probst, G. (1993b): Vernetztes Denken: Ganzheitliches Führen in der Praxis. Wiesbaden (Gabler).
Rosenstiel, L. von et al. (1972): Organisationspsychologie. Stuttgart (Kohlhammer).
Roth, G. (1995): Das Gehirn und seine Wirklichkeit. Frankfurt a. M. (Suhrkamp).
Schneck, O. (1998): Lexikon der Betriebswirtschaft. München (Deutscher Taschenbuch Verlag).
Schopenhauer, A. (1859): Die Welt als Wille und Vorstellung. Bd. 1. Leipzig (Brockhaus).
Senge, P. M. (1990): The Fifth Disciplin: The Art and Practice of the Learning Organization. New York (Doubleday) [dt. (1996): Die fünfte Disziplin. Stuttgart (Klett-Cotta)].
Senge, P. M. et al. (1996): Das Fieldbook zur fünften Disziplin. Stuttgart (Klett-Cotta).
Shazer, S. de (1998): Das Spiel mit den Unterschieden. Heidelberg (Carl-Auer-Systeme).
Siegwart, H. (1985): Anwendungsorientierung, Systemorientierung und Integrationsleistung einer Managementlehre. In: G. J. B. Probst u. H. Siegwart (Hrsg.): IntegriertesManagement. Bern (Haupt).
Sievers, B. (1997): Organisationsentwicklung als Problem. Stuttgart (Klett-Cotta).
Simon, F. B. (1995): Die andere Seite der Gesundheit. Heidelberg (Carl-Auer-Systeme).
Simon, F. B. (1997a): Die Kunst nicht zu lernen. Heidelberg (Carl-Auer-Systeme).
Simon, F. B. (1997b): Meine Psychose, mein Fahrrad und ich. Heidelberg (Carl-Auer-Systeme).
Simon, F. B. (1998): Radikale Marktwirtschaft. Heidelberg (Carl-Auer-Systeme).
Simon, H. A. (1957): Administrative Behavior. New York (Macmillan).
Sloterdijk, P. (1993): Weltfremdheit. Frankfurt a. M (Suhrkamp).
Smith, A. (2003): Der Wohlstand der Nationen. Eine Untersuchung seiner Natur und seiner Ursachen. München (Deutscher Taschenbuch-Verlag).
Sollmann, U. u. R. Heinze (1993): Visionsmanagement. Zürich (Orell Füssli).
Soyal Ringpoche (2001): Das tibetische Buch vom Leben und Sterben. Bern (Barth).

Sparrer, I. u. M. V. von Kibed (2000): Ganz im Gegenteil. Heidelberg (Carl-Auer-Systeme).
Spencer-Brown, G. (1979): Laws of Form. New York (Dutton). [dt. (1997): Gesetze der Form. Lübeck (Bohmeier)].
Stacey, R. D. (1995): The Science of Complexity: An Alternative Perspective for Strategic Change Processes. *Strategic Management Journal* 16 (6): 477–495.
Suzuki, D. T. (2001): Die große Befreiung. Bern (Barth).
Thurman , R. A. F. (Hrsg.) (2002): Das tibetische Totenbuch oder Das große Buch der natürlichen Befreiung durch Verstehen im Zwischenzustand. Frankfurt am Main (Fischer Taschenbuch).
Tulku, C. (2000): Tore in die Freiheit. Berlin (Theseus).
Ulrich, H. (1970): Die Unternehmung als produktives soziales System. Bern (Haupt).
Ulrich, H. (1984): Management. Bern (Haupt).
Ulrich, H. (1985): Unternehmensorganisation: Entwicklungen in Theorie und Praxis. Bern (Haupt).
Ulrich, H. (1988): Von der Betriebswirtschaftslehre zur systemorientierten Managementlehre. In: R. Wunderer (Hrsg.): Betriebswirtschaftslehre als Management-Führungslehre. Stuttgart (Poeschel).
Ulrich, H. (1990): Unternehmenspolitik. Bern (Haupt).
Ulrich, H. (1991): Anleitung zum ganzheitlichen Denken und Handeln. Bern (Haupt).
Ulrich, H. (1993): Überlegungen zu den konzeptionellen Grundlagen der Unternehmensführung. In: J. Krulis-Randa (Hrsg.): Führen von Organisationen. Bern (Haupt).
Unsinn, S. (1997): Die Utopie der Unternehmung. München (Hampp).
Ury, W. L. (1984): Das Harvardkonzept: Sachgerecht verhandeln – erfolgreich verhandeln. Frankfurt a. M. (Campus).
Ury, W. L. (1992): Schwierige Verhandlungen. Frankfurt (Campus).
Watzlawick, P. (1974): Menschliche Kommunikation. Bern (Huber).
Watzlawick, P. (1983): Anleitung zum Unglücklichsein. München (Piper).
Watzlawick, P. (1989): Münchhausens Zopf oder: Psychotherapie und Wirklichkeit. Bern (Huber).
Watzlawick, P. et al. (1988): Lösungen. Theorie und Praxis menschlichen Wandels. Bern (Huber).
Wiedmann, F. et al. (1999): Atlas Philosophie. München (Deutscher Taschenbuch-Verlag).
Wiener, N. (1963): Kybernetik. Düsseldorf (Econ).
Willke, H. (1987): Systemtheorie. Stuttgart (Fischer).
Wolinsky, S. (1996): Das Tao des Chaos. Freiburg i. Br. (Lüchow).

Über den Autor

Roderich Heinze, Dr. rer. oec., Diplomökonom, nach kaufmännischer Lehre und Studium zunächst ein Jahr in einer Unternehmensberatung tätig, dann vier Jahre Geschäftsführer in einem mittelständischen Unternehmen, schließlich sechs Jahre in Asien als Unternehmensberater. Ab 1989 in Deutschland als Berater zum Thema Organisationsentwicklung und Performance Improvement. Berät verschiedene deutsche Konzerne und ist als Lehrbeauftragter an mehreren deutschen Universitäten tätig. In seinem Hamburger Weiterbildungsinstitut *heinze+alwart* bildet er Berater, Trainer, Coachs und Führungskräfte aus und weiter.

Kontakt: *heinze+alwart*
Dr. Roderich Heinze
Postfach 11 15 53
20459 Hamburg
Tel. 0 40-31 79 39 00
heinze@heinze-alwart.de
www.heinze-alwart.de